应用型人才培养系列教材

电力电子技术及应用

主　编　于希辰　卢亚平　刘和剑

副主编　车金金　张晓萍　邢青青

参　编　李东亚　窦金生　宋天麟

西安电子科技大学出版社

内 容 简 介

"电力电子技术"是电气工程及其自动化、机械电子工程、电子信息工程等专业的基础类课程。为了帮助学习者理解并掌握该课程的理论及实践知识,本书将全部内容分为理论基础、虚拟仿真及实验实践操作三个部分。第一部分介绍了电力电子基础元器件、主要电路等内容;第二部分使用 MATLAB/Simulink 对理论分析得出的波形结论进行了验证和调试;第三部分通过实验操作平台,对较为主要的电路展开了实验实训,注重学以致用。

本书可作为应用型本科院校、高职高专院校的电气工程及其自动化、机械电子工程、电子信息工程等专业的教材,也可供相关专业技术人员参考。

图书在版编目(CIP)数据

电力电子技术及应用 / 于希辰,卢亚平,刘和剑主编. —西安:西安电子科技大学出版社,2022.8(2024.5 重印)
ISBN 978–7–5606–6556–6

Ⅰ.①电… Ⅱ.①于… ②卢… ③刘… Ⅲ.①电力电子技术 Ⅳ.①TM1

中国版本图书馆 CIP 数据核字(2022)第 127216 号

策　　划　陈　婷
责任编辑　陈　婷
出版发行　西安电子科技大学出版社(西安市太白南路 2 号)
电　　话　(029) 88202421　88201467　　　邮　　编　710071
网　　址　www.xduph.com　　　　　　　　电子邮箱　xdupfxb001@163.com
经　　销　新华书店
印刷单位　陕西天意印务有限责任公司
版　　次　2022 年 8 月第 1 版　　2024 年 5 月第 3 次印刷
开　　本　787 毫米×1092 毫米　1/16　印张 11.5
字　　数　268 千字
定　　价　33.00 元
ISBN　978–7–5606–6556–6 / TM
XDUP 6858001–3
如有印装问题可调换

前　言

电力电子技术是使用电力半导体器件对电能进行变换和控制的技术，近年来发展迅速，并在交通运输、电力系统等重要行业都有广泛的应用，是推动我国工业现代化进步的重要技术。

"电力电子技术"课程研究典型电力电子器件的工作原理、功能特性，典型电能变换方法及其控制系统的结构原理和分析方法等，对学习者掌握电力电子技术相关知识、学会典型电能变换方法及其控制系统的分析和设计方法具有重要作用。本课程涉及知识面较广，理论分析部分复杂，对于初学者而言较为抽象。为加深学习者对理论知识的理解，本书基于实践操作平台设置了相应的实验实训内容，力图通过波形观察、对比测试和数据分析等实践和实验训练的方式，验证电力电子技术的基本理论。由于实验实训无法做到随时随地开展，在教学过程中可辅之以计算机软件虚拟仿真，以便进行电路参数的调整，加深学习者对电力电子技术理论知识的理解。

从上述思路出发，本书的内容被分成了三个部分：第一部分为电力电子技术理论基础，第二部分为电力电子技术虚拟仿真，第三部分为电力电子技术实验实践操作。

第一部分包括第1~7章。其中，第1章介绍常用的电力电子元器件，例如电力二极管、晶闸管及绝缘栅双极晶体管，本章的目标是使学习者熟悉电力电子开关器件的分类，掌握电力电子器件的基本原理和基本特性，并掌握利用功率半导体器件进行电能变换的基础理论和相应工程知识。本章内容是全书的基础。第2~6章分别针对整流电路、逆变电路、直流—直流变流电路、单相交流调压电路等电力电子基础电路展开分析，介绍各类电路的作用、基本工作原理等，以培养学习者使用应用数学、电路等知识分析电力电子技术基本电路原理和解决相关工程问题的能力。第7章综合了电力电子技术、电机拖动及自动控制原理的知识点，对单闭环直流调速系统、双闭环直流调速系统等的工作原理进行了简要介绍和分析。

第二部分包括第8~13章。该部分基于MATLAB/Simulink的仿真电路，对电力电子技术中使用的主要电路进行了模拟仿真，对理论分析所得的波形进行了验证和调试。

其中，第 8 章对 MATLAB/Simulink 仿真环境进行了介绍，同时简述了基础元件模块参数的设置，便于后续各类电路仿真的开展。第 9～13 章分别介绍了单相整流电路、三相整流电路、电压型逆变电路、直流—直流变流电路、单相交流调压电路的具体仿真方式，验证了本书第一部分理论基础中所得到的电路波形，同时通过仿真思考题，使学习者进一步理解和掌握电力电子技术中基础电路的运行方式。

第三部分包括第 14 章。该部分使用电力电子技术及电机控制实验装置，结合理论基础部分的知识点进行实践操作，主要针对锯齿波同步移相触发电路、三相桥式整流电路、晶闸管直流调速系统主要单元、单闭环直流电机调速系统、双闭环直流电机调速系统进行实验实训，通过示波器现场观测理论模块及仿真模块所得到的波形，使学习者深刻理解晶闸管门极触发脉冲的产生方式，整流电路的工作原理，单、双闭环直流电机调速系统的工作方式。

希望通过对理论基础、虚拟仿真、实验实践操作这三个部分的学习，学习者能逐步加深对电力电子技术基础电路的理解与应用，培养自己的工程应用和创新能力。

本书由苏州大学应用技术学院于希辰、卢亚平、刘和剑担任主编。于希辰负责全书理论基础部分的编写与修订,卢亚平及刘和剑负责书中虚拟仿真部分 MATLAB 仿真程序的编写与验证。浙江天煌科技实业有限公司工程师车金金负责电力电子技术实验实践操作平台使用方式的指导与技术资料支持。张晓萍、邢青青、李东亚负责书中电力电子技术实验实践平台操作方式的编写。窦金生教授与宋天麟教授审阅全文，并提出相关修改意见。

本书在编写时得到了我院教师、行业企业工程师等的大力支持，他们对本书的内容提出了许多宝贵的意见，并提供了相关材料，编者在此表示由衷的感谢！

电力电子技术发展迅速，加之编者水平有限，本书内容可能存在欠妥之处，敬请读者批评指正。

编　者

2022 年 5 月

目　　录

第一部分　电力电子技术理论基础

第二部分 电力电子技术虚拟仿真

第三部分　电力电子技术实验实践操作

第一部分

电力电子技术理论基础

第 1 章　电力电子元器件

　　在电气设备或电力系统中，直接承担电能的交换或者控制任务的电路称为主电路(main power circuit)。主电路中的大功率电子器件称为电力电子器件(power electronic device)，又称为功率半导体器件。电力电子器件的额定电流可以为数十至数千安，额定电压则可以达到数百伏及以上。

　　电力电子器件处理电功率的能力远大于普通信息电子器件，因此在使用电压/电流信号较小的信息电子控制电路驱动电压／电流信号较大的电力电子器件时，通常需要通过中间的驱动电路模块将较弱的控制信号放大。同时，在驱动电路和主电路的连接处通常需要进行某种电气隔离(例如光电隔离)，以保护驱动电路或控制电路免受大电压／大电流的影响。电力电子器件一般工作在开关状态，在理想情况下，器件导通时处于低阻态，管压降可视为零，流过器件的电流值由外部电路决定；器件关断时处于高阻态，流过器件的电流可视为零，而器件两端的电压由外部电路决定。

　　本章将首先介绍电力电子元器件的分类方式，然后对具体元器件的结构、工作原理、参数等进行分析。

1.1　电力电子器件的分类

　　电力电子元器件根据不同的方式，可以分为不同的种类。

1. 按控制程度分类

　　按照电力电子器件被控制电路信号所控制的程度，电力电子元器件可以分为不可控型器件、半控型器件、全控型器件三种。

　　(1) 不可控型器件。

　　不可控的定义为器件的导通和关断完全由外电路的信号决定，而无法通过控制信号来控制。此处可将不可控器件类比为一根单向导通的水管，当外界有正向水压(即施加正向电压)时器件能够导通，而关断则需去掉外界的正向水压或施加反向的水压(即去掉施加在元器件上的正向电压或改为施加反向电压)。典型的不可控型器件有电力二极管。

　　(2) 半控型器件。

　　半控的定义为可以通过控制端的信号来使器件导通，但是却无法通过控制端的信号使器件关断，如需关断器件，则需要调整外部电路施加在器件上的电压或电流。此处的半控器件可以类比为一根带有水阀(即控制端)的单向导通水管，但它与全控型器件的区别是，此处的水阀只能打开却无法关闭。要使得半控型器件导通，需满足两个条件：外界施加正向水压(即电路中有正向电压施加在器件两端)和水阀需要打开(即控制端有对应信号施加，可为电压信号也可为电流信号)，两个条件缺一不可。要使半控型器件关断，水阀此刻因失去控制作用而无法关闭，需要移除外部水压或者施加反向水压(即去掉外加正向电压或施加反向电压)，使得流过半控型器件的水流趋向于零(使流过器件的电流趋向于零)。典型的半控型器件有晶闸管。

(3) 全控型器件。

全控的定义为可以通过控制端口施加的信号来控制器件的导通，也可以通过控制端口的信号使器件关断。此处的全控型器件可以类比为一根带有水阀(即控制端)的单向导通水管，要使全控型器件导通，需要满足两个条件：外界施加正向水压(即电路中有正向电压施加在元器件上)和水阀需要打开(即全控型器件的控制端有对应的电压或电流信号施加)，两个条件缺一不可。如要使全控型器件关断，则可通过关闭水阀(即通过控制端信号的调整)来实现。典型的全控型器件有绝缘栅双极晶体管(Insulated Gate Bipolar Transistor，IGBT)、电力场效应晶体管(MOSFET)、门极可关断晶闸管(GTO)、电力晶体管(GTR)等。

2. 按照控制信号的类型分类

按照外部控制信号施加在控制端和公共端之间信号的性质，电力电子元器件可以分为电流驱动型电力电子器件和电压驱动型电力电子器件两种。

在该分类方式中，需要注意的是：器件种类的区分取决于施加在控制端和公共端的信号类型，因此该分类方式仅适用于具有控制端(即上文类比的水阀)的器件。由于电力二极管并不具有控制端，因此不能使用此种分类方式。

通过控制端口注入或抽取电流来控制导通、关断的电力电子器件称为电流驱动型，也可称为电流控制型。典型的电流驱动型器件有晶闸管、门极可关断晶闸管、电力晶体管等。

通过控制端和公共端施加正向或者反向的电压信号来控制导通、关断的电力电子器件称为电压驱动型，也可称为电压控制型或场效应器件。典型的电压驱动型器件有绝缘栅双极晶体管、电力场效应晶体管等。

本章主要介绍不可控型器件——电力二极管、半控型器件——晶闸管、全控型器件——绝缘栅双极晶体管的结构和工作原理。

1.2　不可控型器件——电力二极管

电力二极管又称为半导体整流器(Semiconductor Rectifier，SR)，属于不可控型电力电子器件，20 世纪 50 年代便获得应用，被较为广泛地使用在整流和逆变等工作场合。本节将针对电力二极管的结构、工作原理和主要参数展开介绍。

1.2.1　电力二极管的结构

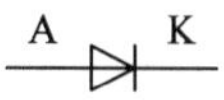

图 1.1 所示为电力二极管的电气图形符号，有阳极 A 和阴极 K 两个端口。

图 1.1　电力二极管电气图形符号

相较于普通信息电子电路二极管,电力二极管虽然也是 PN 型结构,但有以下几个不同之处:

(1) 普通信息电子电路二极管为横向导电结构,即电流的流通方向和硅片表面平行;电力二极管则为垂直导电结构,即电流的流通方向和硅片表面垂直,如图 1.2 所示。

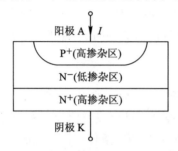

图 1.2　电力二极管垂直导电结构图

(2) 为使电力二极管能够承受较大的电压,在 P 区和 N 区之间须添加一层低掺杂的 N 区,如图 1.2 所示。正常掺杂的 P 型半导体和 N 型半导体区间用 P^+ 和 N^+ 表示,而低掺杂的区域用 N^- 表示。由于该低掺杂的区域掺杂浓度接近本征半导体,因此电力二极管的结构也可写为 P-i-N 结构。由于 N^- 区掺杂浓度低,不易使得载流子发生迁移,因此可以承受较高的电压而不被击穿,承受电压的高低由该低掺杂区的厚度决定。

1.2.2　电力二极管的工作原理

当电力二极管的两端施加正向电压(即正向偏置),且该正向电压的取值超过门槛电压 U_{TO} 时,流过电力二极管的电流从阳极 A 端入,从阴极 K 端出,该电流被称为正向电流 I_F,电力二极管两端的电压被称为正向压降 U_F。该状态为电力二极管的正向导通状态,即电力二极管呈现"低阻态"。

当电力二极管两端施加反向电压(即反向偏置)时,电力二极管只有从阴极 K 端到阳极 A 端的非常小的反向漏电流 I_{RR} 流过,此时电力二极管处于反向截止状态,即电力二极管呈现"高阻态"。

电力二极管的反向耐压能力通常较强,但是当施加在电力二极管两端的反向电压过大,超过反向击穿电压 U_B 时,反向电流会急剧增大,电力二极管的反向偏置工作状态被破坏,变为反向击穿状态。

根据上述分析,可得电力二极管的伏安特性曲线,如图 1.3 所示。

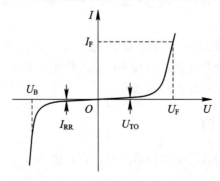

图 1.3　电力二极管伏安特性曲线图

1.2.3　电力二极管的主要参数

电力二极管主要有如下参数:

(1) 正向平均电流 $I_{F(AV)}$。该参数为二极管的额定电流参数,定义为电力二极管长期运行在指定的管壳温度和散热条件下,其允许流过的最大工频正弦半波电流的平均值。

(2) 正向压降 U_F。该参数定义为指定温度下,电力二极管流过稳定的正向电流 I_F 时二极管两端的正向电压,如图 1.3 中标注所示。

(3) 反向重复峰值电压 U_{RRM}。该参数定义为对电力二极管能重复施加的反向最高峰值电压。

(4) 反向漏电流 I_{RR}。该参数定义为电力二极管对应于反向重复峰值电压 U_{RRM} 时的反向漏电流。

(5) 最高工作结温 T_{JM}。该参数定义为在电力二极管中 PN 结不至损坏的前提下所能承受的最高平均温度。

(6) 浪涌电流 I_{FSM}。该参数定义为电力二极管能承受的最大的连续一个或几个工频周期的过电流。

1.3　半控型器件——晶闸管

晶闸管即晶体闸流管(thyristor),又可称为可控硅整流器(Silicon Controlled Rectifier, SCR),属于半控型电力电子元器件。美国通用电气公司在 1957 年开发出世界上第一个晶闸管产品,并于 1958 年商业化。晶闸管是一种可以工作于大功率场合的开关型半导体器件,能承受大电压和大电流,因此在大容量电能变换场合中应用较为广泛。本节介绍晶闸管的结构、工作原理和主要参数。

1.3.1　晶闸管的结构

图 1.4 所示为晶闸管的电气图形符号。晶闸管有三个端口,分别为阳极 A、阴极 K 和门极 G,其中门极 G 为控制端。晶闸管为 PNPN 的四层结构,如图 1.5(a)所示。在中间截取横断面(如图 1.5(b)所示),可以将晶闸管看为 PNP 型三极管 V_1 和 NPN 型三极管 V_2 的组合,且 V_1 的基极和 V_2 的集电极连接在一起(同为 N1 层),V_1 的集电极和 V_2 的基极连接在一起(同为 P2 层)。双三极管等效模型如图 1.5(c)所示。

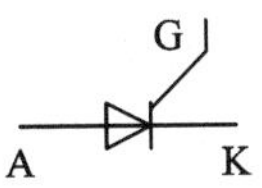

图 1.4　晶闸管电气图形符号

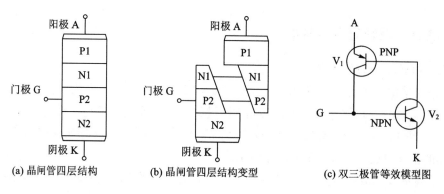

(a) 晶闸管四层结构　　　(b) 晶闸管四层结构变型　　　(c) 双三极管等效模型图

图 1.5　晶闸管结构图

1.3.2　晶闸管的工作原理

晶闸管是半控型器件，通过控制端 G 的信号可使器件导通，但无法通过控制端 G 的信号关断器件。该现象产生的原因与晶闸管的四层结构有关。

如图 1.6 所示，在晶闸管的阳极 A 和阴极 K 两端施加正向电压 E_A，同时向门极 G 注入电流 I_G。

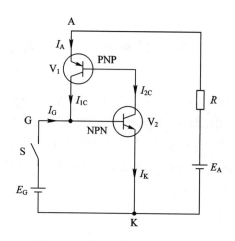

图 1.6　双晶体管等效工作模型图

电流 I_G 流入三极管 V_2 的基极，作为 V_2 的驱动电流，V_2 由此形成集电极电流 I_{2C}，I_{2C} 又作为三极管 V_1 的基极电流，形成 V_1 的驱动电流，由此 V_1 生成集电极电流 I_{1C}，I_{1C} 与 I_G 共同汇入 V_2 的基极，形成更大的基极驱动电流，因此也进一步增大 I_{2C}。上述过程不断循环形成正反馈，最终导致三极管 V_1 和 V_2 进入完全饱和状态，即晶闸管导通。

由上述分析可得，晶闸管导通需要满足两个条件：承受正向电压和门极有触发电流。当晶闸管已经导通后，移除门极的触发电流 I_G，由于晶闸管内部已经形成上述的正反馈流程，因此晶闸管会继续保持导通状态。如果要关断晶闸管，需要通过外部电路作用，例如去掉阳极 A 端施加的正向电压，或者给阳极 A 端施加反向电压，使得流过晶闸管的电流降低到接近于 0 的某一数值以下(该接近于 0 的数值称为维持电流，维持电流的定义为使晶闸管维持导通所必需的最小电流)。

半控型器件晶闸管工作特性总结如下：

(1) 晶闸管承受反向电压，无论门极是否有触发信号，晶闸管都不会导通。

(2) 晶闸管只有在承受正向电压、门极有触发电流两个条件均满足时才可导通。

(3) 一旦晶闸管导通，门极触发信号对晶闸管不会产生影响，即使移除门极的触发信号，晶闸管仍旧继续保持导通状态。

(4) 要使晶闸管关断，需要通过外部电路的作用，使流过晶闸管的电流降低到维持电流以下。

1.3.3　晶闸管的主要参数

晶闸管主要有如下参数：

(1) 断态重复峰值电压 U_{DRM}。该参数定义为晶闸管门极 G 端开路且结温为额定值时，允许重复加在晶闸管上的正向峰值电压。国标规定重复频率为 50 Hz，每次持续时间不超过 10 ms。

(2) 反向重复峰值电压 U_{RRM}。该参数定义为晶闸管门极 G 端开路且结温为额定值时，允许重复加在晶闸管上的反向峰值电压。

(3) 额定电压 U_N。取断态重复峰值电压 U_{DRM} 和反向重复峰值电压 U_{RRM} 中较小的值作为晶闸管的额定电压。

(4) 通态平均电流 $I_{T(AV)}$。该参数为晶闸管的额定电流参数，定义为在规定的散热条件和环境温度(40℃)下，稳定结温不超过额定结温，晶闸管导通时允许连续流过的最大工频正弦半波电流的平均值。

(5) 维持电流 I_H。维持晶闸管继续导通所必需的最小电流称为维持电流 I_H。在晶闸管已经导通的情况下，如果流过晶闸管的正向电流小于维持电流 I_H，则晶闸管会转换为关断状态。

(6) 擎住电流 I_L。晶闸管刚从断态转入通态并移除门极 G 端的触发信号后，能维持晶闸管导通所需的最小电流称为擎住电流。擎住电流用于维持晶闸管刚导通时的正反馈环节。对同一晶闸管，擎住电流 I_L 的取值约为维持电流 I_H 的 2～4 倍。

(7) 浪涌电流 I_{TSM}。该参数定义为由于电路异常情况引起的并使结温超过额定结温的不重复性最大正向过载电流。

1.4　全控型器件——绝缘栅双极晶体管

绝缘栅双极晶体管是全控型器件，可以通过控制端使器件导通和关断。绝缘栅双极晶体管的驱动较为便捷，开关速度快，因此在开关电源、高频电能转换的领域中有较为广泛的应用。本节介绍绝缘栅双极晶体管的结构、工作方式和参数。

1.4.1　绝缘栅双极晶体管的结构

绝缘栅双极晶体管有三个端口，分别为栅极(G)、集电极(C)、发射极(E)，可以分为 P

沟道型和 N 沟道型两种，典型 N 沟道绝缘栅双极晶体管的电气图形符号如图 1.7 所示。

图 1.7　绝缘栅双极晶体管的电气图形符号

图 1.8 所示为绝缘栅双极晶体管的等效电路图，从图中可以看出，绝缘栅双极晶体管等效为电力场效应晶体管和电力晶体管组合的达林顿结构，其中电力场效应晶体管作为驱动器件，电力晶体管作为主导器件。绝缘栅双极晶体管综合二者的优点，栅极 G 输入为场控型且开关频率快、高阻抗(此为电力场效应晶体管的特点)，输出端口容量大(此为电力晶体管的特性)。

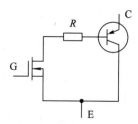

图 1.8　绝缘栅双极晶体管的等效电路图

1.4.2　绝缘栅双极晶体管的工作方式

绝缘栅双极晶体管的导通、关断由栅极(G)控制，为使绝缘栅双极晶体管导通，需要在栅极(G)和发射极(E)之间施加正向电压 u_{GE}，u_{GE} 的取值需要超过开启电压 $U_{GE(th)}$，同时，集电极(C)和发射极(E)之间的电压 u_{CE} 也需为正(即 $u_{CE}>0$ V)才可使绝缘栅双极晶体管导通；当 u_{GE} 的电压为 0 V 或施加反向电压时，绝缘栅双极晶体管关断。

图 1.9 所示为绝缘栅双极晶体管的输出特性曲线，又称为伏安特性曲线，它描述的是当栅射极电压 u_{GE} 为参考变量时，集电极电流 I_C 和集射极电压 U_{CE} 之间的关系。该曲线分为三个区域：正向阻断区、有源区和饱和区(这三个区可以对应为电力晶体管的截止区、放大区和饱和区)。绝缘栅双极晶体管在电力电子电路中工作于开关状态，即在正向阻断区和饱和区之间切换。

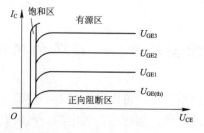

图 1.9　绝缘栅双极晶体管的输出特性曲线($U_{GE3}>U_{GE2}>U_{GE1}>U_{GE(th)}$)

1.4.3　绝缘栅双极晶体管的参数

绝缘栅双极晶体管主要有如下参数：

(1) 最大集射极电压 U_{CES}：在规定的结温范围内，截止状态下集电极(C)和发射极(E)之间能够承受的最大电压。

(2) 栅极—射极电压 U_{GES}：栅极(G)与发射极(E)之间能够承受的最大电压。

(3) 集电极电流 I_C：在规定的结温范围内，绝缘栅双极晶体管在饱和导通状态下，集射极允许持续流通的最大电流。

习　　题

1. 电力电子器件和信息电子器件的主要区别是什么？

2. 请写出全控型器件的定义，并举例说明典型的全控型器件有哪几种。

3. 请写出电压驱动型电力电子器件的定义，并举例说明典型的电压驱动型电力电子器件有哪几种。

4. 电力二极管的额定电流参数是什么？

5. 晶闸管导通和关断的条件是什么？

6. 晶闸管额定电流和额定电压的定义是什么？

7. 晶闸管维持电流的定义是什么？

8. 晶闸管擎住电流的定义是什么？

9. 绘制电力二极管、晶闸管、绝缘栅双极晶体管的电气图形符号。

10. 简述绝缘栅双极晶体管的工作原理。

第 2 章　单相整流电路

整流电路的功能是将交流电能(Alternating Current, AC)转换为直流电能(Direct Current，DC)，即实现 AC→DC 转换。此类电路是电力电子技术中一种广泛应用的电路，日常生活中也十分常见，例如电瓶车充电、不间断电源设备(UPS)等场合都会用到整流电路。整流电路按照交流输入侧的相数，可以分为单相整流电路和三相整流电路。本章对单相整流电路的工作原理进行分析，主要分为单相半波整流电路、单相桥式整流电路、单相全波整流电路和单相桥式半控整流电路四个部分。

2.1　单相半波整流电路

2.1.1　单相半波不可控整流电路

单相半波不可控整流电路的结构如图 2.1 所示，该电路由变压器 T、二极管 VD、电阻负载 R 三部分组成。为方便电路分析，将该电路中的二极管看作理想二极管，即当二极管因承受正向电压而导通时，二极管阻值取值为 0 Ω，当二极管因承受反向电压而关断时，二极管阻值取值为无穷大。

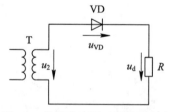

图 2.1　单相半波不可控整流电路

由于本电路的波形是周期性变化的，故只需对其一个周期(0°～360°)的状态进行分析。

在 0°～180°区间，变压器二次侧电压 u_2 位于正半周，根据图 2.1 中标注的电压正方向可推得此刻二极管承受正向电压，处于导通状态，二极管两端电压 u_{VD} 为 0 V，变压器二次侧电压 u_2 完全施加在电阻负载上，因此电阻负载两端电压 u_d 取值等于 u_2，在 0°～180°的区间中电阻负载上的电压 u_d 波形与 u_2 波形一致。流过电阻负载的电流 $i_d = u_d/R = u_2/R$，因此电流 i_d 的波形和电压 u_d 的波形形状一致，仅幅值有区别。

在 180°～360°区间，变压器二次侧电压 u_2 位于负半周，因此二极管承受反向电压，处于关断状态，此刻电路中没有电流流过，流过电阻负载的电流 i_d 取值为 0 A，电阻负载

两端电压 u_d 取值等于 0 V，二极管两端电压 u_{VD} 取值等于 u_2，在 180°～360° 的区间中二极管两端电压 u_{VD} 的波形与 u_2 的波形一致。

　　根据上述分析，得出如表 2.1 所示的单相半波不可控整流电路的工作情况，电阻负载两端电压 u_d 与二极管两端电压 u_{VD} 的波形如图 2.2 所示。

表 2.1　单相半波不可控整流电路的工作情况

工作区间	变压器二次侧电压 u_2	二极管承受电压(正/负)	二极管通/断情况	u_d/V	i_d/A	u_{VD}/V
0°～180°	正半周	承受正向电压	二极管导通	u_2	u_2/R	0
180°～360°	负半周	承受反向电压	二极管关断	0	0	u_2

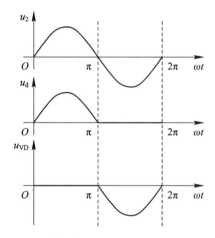

图 2.2　单相半波不可控整流电路波形图

2.1.2　单相半波可控整流电路(带电阻负载)

　　单相半波可控整流电路带电阻负载时的结构如图 2.3 所示，该电路由变压器 T、晶闸管 VT、电阻负载 R 三部分组成。该电路图在结构方面和图 2.1 所示的单相半波不可控整流电路的唯一区别是将二极管替换为晶闸管。

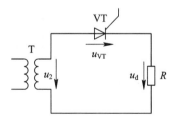

图 2.3　单相半波可控整流电路(带电阻负载)

　　在分析电路前首先需要掌握晶闸管导通／关断的特性。晶闸管导通需要满足两个条件：晶闸管承受正向电压，同时门极有触发脉冲。晶闸管关断则需要利用外部电路，使得流过晶闸管的电流降低到接近于 0 的某一数值下(该数值为维持电流 I_H)，例如带电阻负载时，可在晶闸管两端施加反向电压使得晶闸管关断。但当负载为阻感负载时，情况有所不同,因为电感会起到使流过晶闸管的电流持续一段时间的作用。带阻感负载的情况将在下一节具体分析,本节仅分析带电阻负载的情况。

本次仿真取晶闸管控制角 $\alpha = 90°$,需要注意门极触发脉冲 α 的定义是从晶闸管开始承受正向阳极电压起,到施加触发脉冲止的电角度。举例说明,如图 2.4(a)所示,如晶闸管承受正向电压的起始角度为 0°,当 $\alpha = 90°$ 时,门极触发脉冲施加在相位 90° 处。如晶闸管承受正向电压的起始角度为 -180°,当 $\alpha = 90°$ 时,门极触发脉冲施加在相位 -90° 处,如图 2.4(b)所示,这是判断晶闸管何时有门极触发脉冲的重要概念。

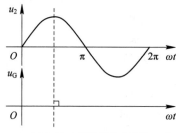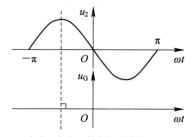

(a) 承受正向电压的起始角度为 0° 时　　　(b) 承受正向电压的起始角度为 -180° 时

图 2.4　晶闸管门极触发脉冲分析

接下来分析电路工作的具体情况。由于本电路的波形是周期性变化的,故只需对其一个周期(0°～360°)的状态进行分析,控制角 $\alpha = 90°$。

当工作区间位于 0°～90° 时,变压器二次侧电压 u_2 位于正半周,晶闸管从 0° 开始承受正向电压,但没有门极触发脉冲(触发脉冲在区间相位到达 90° 时才会施加),因此晶闸管处于关断状态,电路中没有电流流过,电流 $i_d = 0$ A,电阻负载两端电压 u_d 为 0 V,晶闸管两端电压 u_{VT} 等于 u_2。

当工作区间位于 90°～180° 时,变压器二次侧电压 u_2 位于正半周,晶闸管仍旧承受正向电压,同时在刚到达 90° 的时候,晶闸管有门极触发脉冲,因此晶闸管导通,晶闸管两端电压 u_{VT} 等于 0 V,变压器二次侧电压 u_2 完全施加到电阻负载上,电阻负载两端电压 u_d 等于 u_2。流过电阻负载的电流 $i_d = u_d/R = u_2/R$,因此电流 i_d 的波形和电压 u_d 的波形根据电阻 R 的取值不同,幅值有一定区别。

当工作区间位于 180°～360° 时,变压器二次侧电压 u_2 位于负半周,晶闸管承受反向电压,流过晶闸管的电流取值为 0 A,此刻晶闸管关断,电路中没有电流流过,流过负载的电流 $i_d = 0$ A,电阻负载两端电压 u_d 为 0 V,晶闸管两端电压 u_{VT} 等于 u_2。

根据上述分析,得出如表 2.2 所示的单相半波可控整流电路带电阻负载时的工作情况,电阻负载两端电压 u_d 与晶闸管两端电压 u_{VT} 的波形如图 2.5 所示。

表 2.2　单相半波可控整流电路(带电阻负载)的工作情况

工作区间	变压器二次侧电压 u_2	晶闸管承受电压(正/负)	晶闸管是否有门极触发脉冲	晶闸管通/断情况	u_d/V	i_d/A	u_{VT}/V
0°～90°	正半周	承受正向电压	无	晶闸管关断	0	0	u_2
90°～180°	正半周	承受正向电压	有	晶闸管导通	u_2	u_2/R	0
180°～360°	负半周	承受反向电压	无	晶闸管关断	0	0	u_2

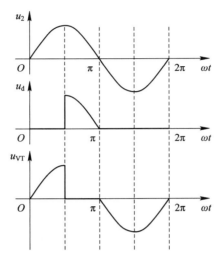

图 2.5　单相半波可控整流电路(带电阻负载)波形图

前面分析了晶闸管控制角 $\alpha = 90°$ 时的波形情况，在电路工作中控制角 α 可以取其他值，例如 $30°$、$60°$、$120°$ 等，但是 α 是有一个范围的，不可随意取到任意角度，原因如下：

上述电路电阻负载上的功率 $P_d = u_d i_d$，根据上述波形可以推导出当控制角 α 取 $0°$ ～$180°$ 中的任意角度时，u_d 和 i_d 均为正，因此 P_d 也为正，表明能量从交流输入侧传输至直流负载侧，实现整流的能量传输。但当控制角 α 刚好到达 $180°$ 时，电阻负载上的电压 u_d 取值变为 0(波形为一条平直的为 0 的直线)，因此输出功率 P_d 取值也变为 0，没有电能从交流侧传输至直流侧，无法实现整流功能。综上可知，单相半波可控整流电路(带电阻负载)控制角 α 的移相范围是 $0°$ ～$180°$。

根据图 2.5 所示的电压波形图，可以计算出直流输出电压平均值为

$$U_d = \frac{1}{2\pi} \int_{\alpha}^{\pi} \sqrt{2} U_2 \sin \omega t \, d(\omega t) = 0.45 U_2 \frac{1 + \cos \alpha}{2} \tag{2-1}$$

根据波形图及计算公式可得，当控制角 α 取值为 $0°$ 时，输出电压平均值 U_d 取到最大值 $0.45 U_2$；而当控制角 α 取值为 $180°$ 时，输出电压平均值 U_d 取到最小值 0。

2.1.3　单相半波可控整流电路(带电阻电感负载)

单相半波可控整流电路带电阻电感负载时的结构如图 2.6 所示，该电路由变压器 T、晶闸管 VT、电阻电感负载 RL 三部分组成。

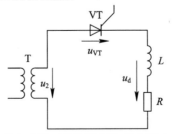

图 2.6　单相半波可控整流电路(带电阻电感负载)

　　该电路和单相半波可控整流电路(带电阻负载)的唯一区别是在电路中放置了电感,电感的存在会阻止流过晶闸管的电流发生突变,因此会对晶闸管的关断时刻产生影响。

　　由于本电路的波形是周期性变化的,故只需对其一个周期(0°～360°)的状态进行分析,门极触发脉冲控制角取值为 $\alpha = 90°$。

　　在 0°～90° 的区间(该区间尚未到达 90°)内,单相交流电压 u_2 位于正半周,晶闸管承受正向电压,但由于尚未施加门极触发脉冲,因此晶闸管关断,电路中没有电流,电阻电感负载两端电压 u_d 取值为 0 V,输入的交流电压 u_2 完全施加在关断的晶闸管上,晶闸管两端电压 u_{VT} 的取值和 u_2 相等。

　　在 90°～180° 的区间内,单相交流电压 u_2 位于正半周,晶闸管仍承受正向电压,同时在 90° 的瞬间给予晶闸管门极触发脉冲信号,晶闸管导通的两个条件均得到满足,晶闸管导通,输入的交流电压 u_2 施加在电阻电感负载上,因此电阻电感负载两端电压 u_d 取值等于 u_2。由于晶闸管正常导通,在理想情况下相当于一条导通的导线,因此在该区间内,晶闸管两端电压 u_{VT} 的取值为 0 V。注意:在该区间内,电感正在吸收能量,有一部分能量被存储在电感 L 内。

　　当角度超过 180° 时,u_2 位于负半周,但由于电感的存在,晶闸管中继续有电流流过,晶闸管继续导通,此刻晶闸管两端电压 u_{VT} 的取值为 0 V,电阻电感负载两端电压 u_d 取值等于 u_2。上述工作情况一直持续到电感中的能量全部被释放,电路中的电流取值为 0 A,此刻晶闸管关断,晶闸管两端电压 u_{VT} 的取值和 u_2 相等,电阻电感负载两端电压 u_d 取值为 0 V。

　　根据上述分析,电阻电感负载两端电压 u_d 与晶闸管两端电压 u_{VT} 的波形如图 2.7 所示。

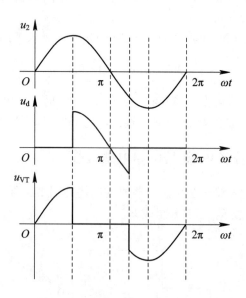

图 2.7　单相半波可控整流电路(带电阻电感负载)波形图

　　【思考题】　试分析当控制角 α 取值为 90° 时,单相半波可控整流电路(带电阻电感负载)中流过电阻电感负载的电流 i_d 的波形。

2.2　单相桥式整流电路

2.2.1　单相桥式不可控整流电路

单相桥式不可控整流电路结构如图 2.8 所示,由变压器 T,4 个二极管 VD_1、VD_2、VD_3、VD_4,电阻负载 R 这几部分组成。

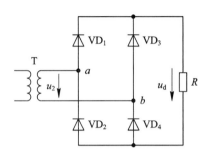

图 2.8　单相桥式不可控整流电路

由于本电路的波形是周期性变化的,故只需对其一个周期(0°～360°)的状态进行分析即可。

在 0°～180° 的区间,变压器二次侧电压 u_2 位于正半周,使得 VD_1、VD_4 两个二极管承受正向电压导通,电流流向为变压器二次侧(a 点)→二极管 VD_1→电阻负载 R→二极管 VD_4→变压器二次侧(b 点),此刻电阻负载两端电压 u_d 取值等于 u_2,流过负载的电流 i_d 取值为正,计算可得 $i_d = u_d/R = u_2/R$。

在 180°～360° 的区间,变压器二次侧电压 u_2 位于负半周,使得 VD_2、VD_3 两个二极管承受正向电压导通,电流流向为变压器二次侧(b 点)→二极管 VD_3→电阻负载 R→二极管 VD_2→变压器二次侧(a 点),根据当前电流流向可得,流过电阻负载的电流为自上至下,使得电阻负载两端电压的方向与此刻变压器二次侧输入电压 u_2 的方向相反,因此电阻负载两端电压 u_d 取值等于 $-u_2$。根据正方向可知,流过电阻负载的电流方向与正方向一致,因此 i_d 取值为正,计算可得 $i_d = u_d/R = -u_2/R$。

根据上述分析,得出单相桥式不可控整流电路工作情况如表 2.3 所示,电阻负载两端电压 u_d 的波形如图 2.9 所示。

表 2.3　单相桥式不可控整流电路工作情况分析表

工作区间	变压器二次侧电压 u_2	二极管承受正向电压情况	二极管导通情况	u_d/V	i_d/A
0°～180°	正半周	VD_1、VD_4 承受正向电压	VD_1、VD_4 导通	u_2	u_2/R
180°～360°	负半周	VD_2、VD_3 承受正向电压	VD_2、VD_3 导通	$-u_2$	$-u_2/R$

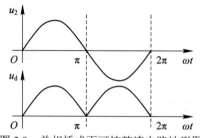

图 2.9　单相桥式不可控整流电路波形图

2.2.2　单相桥式全控整流电路(带电阻负载)

单相桥式全控整流电路带电阻负载时的结构如图 2.10 所示，由变压器 T，4 个晶闸管 VT$_1$、VT$_2$、VT$_3$、VT$_4$，电阻负载 R 这几部分组成。

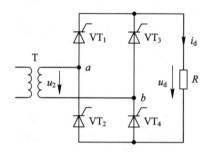

图 2.10　单相桥式全控整流电路(带电阻负载)

分析该电路的关键是 4 个晶闸管分别在何时导通，而晶闸管导通需要满足两个条件：晶闸管承受正向电压，同时门极有触发脉冲。因此在分析电路前先分析 4 个晶闸管承受正向电压的区间，及施加门极触发脉冲的时刻。由单相桥式不可控整流电路二极管的工作情况可以推得，在第一个周期内晶闸管 VT$_1$、VT$_4$ 在 0°～180° 的时刻承受正向电压，0° 为 VT$_1$、VT$_4$ 承受正向电压的起始时刻，当 $\alpha=90°$ 时，晶闸管 VT$_1$、VT$_4$ 的门极触发脉冲在相位 90° 的时刻施加；晶闸管 VT$_2$、VT$_3$ 在 180°～360° 的区间承受正向电压，180° 为 VT$_2$、VT$_3$ 承受正向电压的起始时刻，当 $\alpha=90°$ 时，晶闸管 VT$_2$、VT$_3$ 的门极触发脉冲在相位 270° 的时刻施加。在第二个周期内，晶闸管 VT$_1$、VT$_4$ 在 360°～540° 的区间承受正向电压，360° 为第二个周期内 VT$_1$、VT$_4$ 承受正向电压的起始时刻，因此晶闸管 VT$_1$、VT$_4$ 的门极触发脉冲在相位 450° 的时刻施加；晶闸管 VT$_2$、VT$_3$ 在 540°～720° 的区间承受正向电压，540° 为 VT$_2$、VT$_3$ 承受正向电压的起始时刻，因此晶闸管 VT$_2$、VT$_3$ 的门极触发脉冲在相位 630° 的时刻施加。后续第三个周期、第四个周期……施加门极触发脉冲的情况依此类推。

上述分析得出了晶闸管承受正向电压的区间以及门极触发脉冲施加的时刻，接下来进行单相桥式全控整流电路(带电阻负载)工作情况的分析。由于本电路的波形是周期性变化的，故只需对其一个周期(0°～360°)的状态进行分析即可，选取控制角 $\alpha=90°$。

在 0°～90° 的区间内(不包含90°)，变压器二次侧电压 u_2 位于正半周，但所有晶闸管的门极触发脉冲都未施加，所有晶闸管都不导通，因此电路中没有电流流过，负载两端电压 u_d 取值等于 0 V。流过电阻负载的电流 i_d 取值为 0 A。

在 90°～180° 的区间内，变压器二次侧电压 u_2 位于正半周，在 90° 的瞬间，晶闸管 VT_1、VT_4 的门极触发脉冲到来，晶闸管 VT_1、VT_4 导通，电路中电流的流向为变压器二次侧(a 点)→晶闸管 VT_1→电阻负载 R→晶闸管 VT_4→变压器二次侧(b 点)，流过电阻负载的电流为自上至下，电阻负载两端电压的方向与此刻变压器二次侧电压 u_2 的方向相同，电路中电阻负载两端电压 u_d 取值等于 u_2。流过电阻负载的电流 i_d 方向与正方向一致，因此 i_d 取值为正，且可得 $i_d = u_d/R = u_2/R$。

在 180°～270° 的区间内(不包含 270°)，变压器二次侧电压 u_2 位于负半周，使得晶闸管 VT_1、VT_4 承受反向电压而关断，同时在该区间内 VT_2、VT_3 开始承受正向电压，但由于晶闸管 VT_2、VT_3 的门极触发脉冲尚未施加，因此在 180°～270° 的区间内没有晶闸管导通，电路中没有电流流过，负载两端电压 u_d 取值为 0 V。流过电阻负载的电流 i_d 取值为 0 A。

在 270°～360° 的区间内，变压器二次侧电压 u_2 位于负半周，VT_2、VT_3 两个晶闸管承受正向电压，同时在 270° 的时刻，晶闸管 VT_2、VT_3 的门极触发脉冲到来，晶闸管 VT_2、VT_3 导通，电路中电流的流向为变压器二次侧(b 点)→晶闸管 VT_3→电阻负载 R→晶闸管 VT_2→变压器二次侧(a 点)，流过电阻负载的电流为自上至下，此刻电阻负载两端电压的方向与电压 u_2 的方向相反，因此电阻负载两端电压 u_d 取值等于 $-u_2$。流过负载的电流 i_d 方向与图中标注的电流正方向一致，因此 i_d 取值为正，$i_d = u_d/R = -u_2/R$。

根据上述分析，得出单相桥式全控整流电路带电阻负载时的工作情况如表 2.4 所示，电阻负载两端电压 u_d 的波形如图 2.11 所示。流过电阻负载的电流 i_d 波形与负载电压 u_d 波形形状相同，幅值根据电阻 R 的取值不同而有所区别。

表 2.4　单相桥式全控整流电路(带电阻负载)工作情况分析表

工作区间	变压器二次侧电压 u_2	晶闸管承受电压情况	晶闸管是否有门极触发脉冲	晶闸管通/断情况	u_d/V	i_d/A
0°～90°	正半周	VT_1、VT_4 承受正向电压	无	所有晶闸管关断	0	0
90°～180°	正半周	VT_1、VT_4 承受正向电压	VT_1、VT_4 有	VT_1、VT_4 导通	u_2	u_2/R
180°～270°	负半周	VT_2、VT_3 承受正向电压	无	所有晶闸管关断	0	0
270°～360°	负半周	VT_2、VT_3 承受正向电压	VT_2、VT_3 有	VT_2、VT_3 导通	$-u_2$	$-u_2/R$

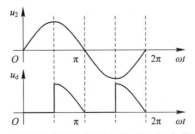

图 2.11　单相桥式全控整流电路(带电阻负载)波形图

单相桥式全控整流电路(带电阻负载)的控制角 α 也有一个取值范围，分析如下：

电阻负载 R 上的功率 $P_d = u_d i_d$，根据上述波形可以推导出控制角 α 取 $0° \sim 180°$ 中的任意角度时，$u_d > 0$，$i_d > 0$，因此可以得出 $P_d > 0$，电能能够成功地从交流侧传输至直流侧，实现整流。当控制角 α 刚好到达 $180°$ 时，电阻负载 R 上的电压 u_d 取值变为 0，由于 $i_d = u_d/R$，此刻电流 i_d 取值也为 0，因此输出功率 P_d 取值变为 0，没有电能从交流侧传输至直流侧，无法实现整流功能，因此单相桥式全控整流电路(带电阻负载)控制角 α 的移相范围是 $0° \sim 180°$。

计算可得整流输出电压的平均值为

$$U_d = \frac{1}{\pi} \int_\alpha^\pi \sqrt{2} U_2 \sin\omega t \, d(\omega t) = 0.9 U_2 \frac{1+\cos\alpha}{2} \tag{2-2}$$

向负载输出的直流电流平均值为

$$I_d = \frac{U_d}{R} = 0.9 \frac{U_2}{R} \frac{1+\cos\alpha}{2} \tag{2-3}$$

2.2.3 单相桥式全控整流电路(带电阻电感负载)

单相桥式全控整流电路带电阻电感负载时的结构如图 2.12 所示，由变压器 T，4 个晶闸管 VT_1、VT_2、VT_3、VT_4，电阻电感负载 RL 组成。

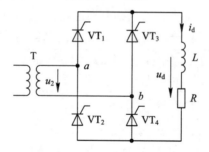

图 2.12   单相桥式全控整流电路(带电阻电感负载)

本电路控制角选取 $\alpha = 90°$，因此在第一个周期内晶闸管 VT_1、VT_4 的门极触发脉冲在 $90°$ 相位上施加，晶闸管 VT_2、VT_3 的门极触发脉冲在 $270°$ 相位上施加。在第二个周期内晶闸管 VT_1、VT_4 的门极触发脉冲在 $450°$ 相位上施加，晶闸管 VT_2、VT_3 的门极触发脉冲在 $630°$ 相位上施加。后续周期施加门极触发脉冲的情况依此类推。

在 $0° \sim 90°$ 区间内(不含 $90°$)，变压器二次侧电压 u_2 位于正半周，所有晶闸管的门极触发脉冲都未施加，VT_1、VT_2、VT_3、VT_4 都不导通。因此电路中没有电流，负载两端电压 u_d 等于 0 V，流过负载的电流 i_d 等于 0 A。

在 $90° \sim 180°$ 区间内，变压器二次侧电压 u_2 位于正半周，在相位到达 $90°$ 时，给晶闸管 VT_1、VT_4 施加门极触发脉冲，VT_1、VT_4 管导通，电流的流通方向为变压器二次侧(a 点)→晶闸管 VT_1→电阻电感负载 RL→晶闸管 VT_4→变压器二次侧(b 点)，此刻电感正在吸收能量，电路中电阻电感负载两端电压 u_d 取值等于 u_2。流过负载的电流 i_d 方向和图中所标注的正方向相同，因此电流取值为正，且与流过晶闸管 VT$_1$、VT$_4$ 的电流 i_{VT1}、i_{VT4} 相同。

在 180°～270° 区间内(不含 270°)，变压器二次侧电压 u_2 位于负半周，虽然 VT$_2$、VT$_3$ 两个晶闸管承受正向电压，但此刻 VT$_2$、VT$_3$ 管的门极触发脉冲尚未施加，因此 VT$_2$、VT$_3$ 管不导通，同时由于有电感的存在阻止电路中电流突变，因此仍旧有电流流过 VT$_1$、VT$_4$，这两个晶闸管继续导通，该区间内电流的流向和 90°～180° 区间相同，为变压器二次侧 (a 点)→晶闸管 VT$_1$→电阻电感负载 RL→晶闸管 VT$_4$→变压器二次侧(b 点)，电路中电阻电感负载两端电压 u_d 取值等于 u_2。流过负载的电流 i_d 方向和正方向一致，因此电流为正，且与流过晶闸管 VT$_1$、VT$_4$ 的电流 i_{VT1}、i_{VT4} 相同。

在 270°～360° 区间内，变压器二次侧电压 u_2 位于负半周，VT$_2$、VT$_3$ 两个晶闸管承受正向电压，在 270° 时晶闸管 VT$_2$、VT$_3$ 的门极触发脉冲到来，VT$_2$、VT$_3$ 导通，电路中电流的流向变为变压器二次侧(b 点)→晶闸管 VT$_3$→电阻电感负载 RL→晶闸管 VT$_2$→变压器二次侧(a 点)，此时电阻电感负载两端电压 u_d 取值等于 $-u_2$。流过负载的电流 i_d 方向和图中所标注正方向一致，所以电流取值为正，且与流过晶闸管 VT$_2$、VT$_3$ 的电流 i_{VT2}、i_{VT3} 相同。

为了更详细地理解该电路，再分析 360°～450° 区间内晶闸管的导通情况，在该区间，电压 u_2 位于正半周，由于电路中电感的存在，电流无法突变，因此电流维持 270°～360° 区间内电流的流通情况，仍旧有电流流过 VT$_2$、VT$_3$ 晶闸管，这两个晶闸管持续导通，电流方向和 270°～360° 区间一致，为变压器二次侧(b 点)→晶闸管 VT$_3$→电阻电感负载 RL→晶闸管 VT$_2$→变压器二次侧(a 点)，此时电阻电感负载两端电压 u_d 取值等于 $-u_2$。流过负载的电流 i_d 继续存在，取值为正且与流过晶闸管 VT$_2$、VT$_3$ 的电流 i_{VT2}、i_{VT3} 相同。该电路工作状态持续到 450° 时 VT$_1$、VT$_4$ 承受正向电压且门极触发脉冲再次到来的时刻，电路切换至 VT$_1$、VT$_4$ 导通，工作状态再次开始循环，不断重复 90°～450° 时的工作状态。

根据上述分析，得出当 $\alpha = 90°$ 时，单相桥式全控整流电路带电阻电感负载时的工作情况如表 2.5 所示。

表 2.5　单相桥式全控整流电路(带电阻电感负载)工作情况分析表

工作区间	变压器二次侧电压 u_2	晶闸管通/断情况	u_d/V	i_d/A
0°～90°	正半周	无晶闸管导通	0	无电流，$i_d = 0$
90°～180°	正半周	VT$_1$、VT$_4$ 导通	u_2	有电流，$i_d = i_{VT1}$ 或 i_{VT4}
180°～270°	负半周	VT$_1$、VT$_4$ 导通	u_2	有电流，$i_d = i_{VT1}$ 或 i_{VT4}
270°～360°	负半周	VT$_2$、VT$_3$ 导通	$-u_2$	有电流，$i_d = i_{VT2}$ 或 i_{VT3}
360°～450°	正半周	VT$_2$、VT$_3$ 导通	$-u_2$	有电流，$i_d = i_{VT2}$ 或 i_{VT3}

根据上述分析，得出单相桥式全控整流电路带电阻电感负载的输出波形如图 2.13 所示。由于本次分析的是从电路由关断到顺利导通的过程，因此在 0°～90° 的工作区间内，输出电压 u_d 为 0V，而电路稳定工作后，将不断重复 90°～450° 时的波形。

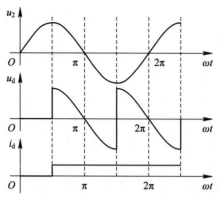

图 2.13　单相桥式全控整流电路(带电阻电感负载)波形图

假设电感 L 取值非常大,因此有平波和续流的作用,理想情况下,输出电流 i_d 的波形为正的一条平直的直线。

单相桥式全控整流电路(带电阻电感负载)的控制角 α 范围为 $0° \sim 90°$,分析如下:

电阻电感负载 RL 上的功率 $P_d = u_d i_d$,根据上述波形可以推导出当控制角 $\alpha = 90°$ 时,$u_d = 0$,$i_d > 0$,因此可以得出 $P_d = 0$,电能无法从交流侧传输至直流侧,因此当 $\alpha = 90°$ 时便为临界取值。当 α 取值为 $0° \sim 90°$ 中的任意角度时,电阻电感 RL 上的电压 u_d 正半周面积大于负半周面积,因此 $u_d > 0$,而此刻 i_d 也大于 0,因此可以得出 $P_d > 0$,电能能够从交流侧传输至直流侧,从而实现整流。综上可得控制角 α 的移相范围为 $0° \sim 90°$。

计算可得整流输出电压的平均值为:

$$U_d = \frac{1}{\pi} \int_{\alpha}^{\pi+\alpha} \sqrt{2}U_2 \sin\omega t d(\omega t) = 0.9U_2\cos\alpha \tag{2-4}$$

【思考题】试绘制当单相桥式全控整流电路(带电阻电感负载)$\alpha = 90°$ 时,流过晶闸管 VT_1、VT_2、VT_3、VT_4 的电流波形图。

2.3　单相全波整流电路

2.3.1　单相全波不可控整流电路

单相全波不可控整流电路结构如图 2.14 所示,电路由带中心抽头的变压器 T、二极管 VD_1 和 VD_2、电阻负载 R 组成。由于本电路的波形是周期性变化的,故只需对其一个周期 $(0° \sim 360°)$ 的状态进行分析即可。

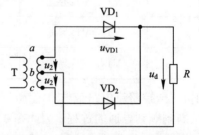

图 2.14　单相全波不可控整流电路

在 0°～180° 的区间内，变压器电压 u_2 位于正半周，二极管 VD_1 承受正向电压，电流流向为变压器二次侧(a 点)→二极管 VD_1→电阻负载 R→变压器二次侧(b 点)，此刻电阻负载两端电压 u_d 取值等于 u_2，流过电阻负载的电流 i_d 为 u_d/R，即 u_2/R。

在 180°～360° 的区间内，变压器电压 u_2 位于负半周，二极管 VD_2 承受正向电压，电流流向为变压器二次侧(c 点)→二极管 VD_2→电阻负载 R→变压器二次侧(b 点)，此刻电阻负载两端电压 u_d 取值等于 $-u_2$，流过电阻负载的电流 i_d 为 u_d/R，即 $-u_2/R$。

根据上述分析，得出单相全波不可控整流电路的工作情况如表 2.6 所示，电阻负载两端电压 u_d 的波形如图 2.15 所示。流过负载的电流波形 i_d 和电压波形 u_d 形状一致，但幅值因为电阻 R 的取值不同而有一定的区别。

表 2.6 单相全波不可控整流电路工作情况分析表

工作区间	变压器二次侧电压 u_2	二极管承受电压情况	二极管通/断情况	电阻负载两端电压 u_d/V	流过电阻负载的电流 i_d/A
0°～180°	正半周	VD_1 承受正向电压	VD_1 导通	u_2	u_2/R
180°～360°	负半周	VD_2 承受正向电压	VD_2 导通	$-u_2$	$-u_2/R$

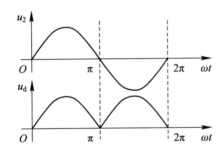

图 2.15 单相全波不可控整流电路波形图

2.3.2 单相全波可控整流电路(带电阻负载)

单相全波可控整流电路(带电阻负载)结构如图 2.16 所示，电路由带中心抽头的变压器 T、晶闸管 VT_1 和 VT_2、电阻负载 R 组成。由于本电路的波形是周期性变化的，故只需对其一个周期(0°～360°)的状态进行分析即可，晶闸管控制角 α 取 90°。

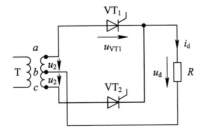

图 2.16 单相全波可控整流电路(带电阻负载)

　　当晶闸管控制角 α 取 90° 时，在第一个周期内(0°～360°)对晶闸管 VT₁ 而言，0°～180° 为承受正向电压的区间，0° 为承受正向电压的起始时刻，因此 VT₁ 的门极触发脉冲施加在相位 90° 处；对晶闸管 VT₂ 而言，180°～360° 为承受正向电压的区间，180° 为承受正向电压的起始时刻，因此 VT₂ 的门极触发脉冲施加在相位 270° 处。

　　在 0°～90° 区间内(不包含 90°)，输入的单相交流电压 u_2 处于正半周，晶闸管 VT₁ 承受正向电压，但 VT₁ 的门极触发脉冲尚未施加，晶闸管不导通，因此电路中没有电流，电阻负载两端电压 u_d 取值等于 0 V。流过电阻负载的电流 i_d 取值为 0 A。

　　在 90°～180° 区间内，输入的单相交流电压 u_2 处于正半周，晶闸管 VT₁ 承受正向电压，在 90° 的时候给晶闸管 VT₁ 施加门极触发脉冲，VT₁ 导通，电流流向为变压器二次侧(a 点)→晶闸管 VT₁→电阻负载 R→变压器二次侧(b 点)，此刻电阻负载两端电压 u_d 取值等于 u_2。流过电阻负载的电流 i_d 方向和正方向一致，因此电流 i_d 的取值为正，计算可得 $i_d = u_d/R = u_2/R$。

　　在 180°～270° 区间内(不包含 270°)，输入的单相交流电压 u_2 处于负半周，晶闸管 VT₁ 承受反向电压关断，晶闸管 VT₂ 承受正向电压，但 VT₂ 的门极触发脉冲尚未施加，晶闸管不导通，因此电路中没有电流，电阻负载两端电压 u_d 取值等于 0 V。流过电阻负载的电流 i_d 取值为 0 A。

　　在 270°～360° 区间内，输入的单相交流电压 u_2 处于负半周，晶闸管 VT₂ 承受正向电压，在 270° 的时候给晶闸管 VT₂ 施加门极触发脉冲，VT₂ 导通，电流流向为变压器二次侧(c 点)→晶闸管 VT₂→电阻负载 R→变压器二次侧(b 点)，此刻电阻负载两端电压 u_d 取值等于 $-u_2$。流过电阻负载的电流 i_d 方向与正方向相同，因此电流 i_d 的取值为正，计算可得 $i_d = u_d/R = -u_2/R$。

　　一旦超过了 360°，输入的单相交流电压 u_2 切换至正半周，使晶闸管 VT₂ 承受反向电压关断，电路重复循环 0°～360° 区间的工作模式。

　　根据上述分析，得出单相全波可控整流电路(带电阻负载)的工作情况如表 2.7 所示，电阻负载两端电压 u_d 的波形如图 2.17 所示。流过电阻负载的电流 i_d 波形和电压的波形 u_d 形状一致，但幅值因负载 R 的取值不同而有一定区别。

表 2.7　单相全波可控整流电路(带电阻负载)工作情况分析表

工作区间	变压器二次侧电压 u_2	晶闸管承受电压情况	晶闸管是否有门极触发脉冲	晶闸管通/断情况	u_d/V	i_d/A
0°～90°	正半周	VT₁ 承受正向电压	无	无晶闸管导通	0	0
90°～180°	正半周	VT₁ 承受正向电压	VT₁ 有门极触发脉冲	VT₁ 导通	u_2	u_2/R
180°～270°	负半周	VT₂ 承受正向电压	无	无晶闸管导通	0	0
270°～360°	负半周	VT₂ 承受正向电压	VT₂ 有门极触发脉冲	VT₂ 导通	$-u_2$	$-u_2/R$

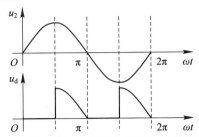

图 2.17　单相全波可控整流电路(带电阻负载)波形图

【思考题】　试绘制出一个周期内，当控制角为 90° 时，单相全波可控整流电路(带电阻负载)中，流过晶闸管 VT_1 和 VT_2 的电流波形。试分析单相全波可控整流电路(带电阻负载)控制角的移相范围。

2.3.3　单相全波可控整流电路(带电阻电感负载)

单相全波可控整流电路(带电阻电感负载)结构如图 2.18 所示，电路由带中心抽头的变压器 T、晶闸管 VT_1 和 VT_2、电阻电感负载 RL 组成。控制角 α 选取 90°。

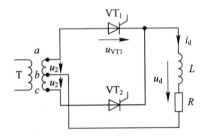

图 2.18　单相全波可控整流电路(带电阻电感负载)

当控制角 α 取 90° 时，可推得在第一个周期内(0°～360°)VT_1 的门极触发脉冲施加在相位 90° 处，VT_2 的门极触发脉冲施加在相位 270° 处。在第二个周期内(360°～720°)，360°～540° 的区间内交流电 u_2 处于正半周，晶闸管 VT_1 承受正向电压，360° 为 VT_1 承受正向电压的起始时刻，因此 VT_1 管的门极触发脉冲施加在 360°＋90°＝450° 的时刻；540°～720° 的区间内交流电 u_2 处于负半周，晶闸管 VT_2 承受正向电压，540° 为 VT_2 承受正向电压的起始时刻，因此 VT_2 管的门极触发脉冲施加在 540°＋90°＝630° 的时刻。第三个周期、第四个周期……依此类推。

在 0°～90° 的区间内(不含 90°)，单相交流电压 u_2 处于正半周，VT_1 承受正向电压，但此刻没有门极触发脉冲，VT_1 不导通，因此电路中没有电流，电阻电感负载两端电压 u_d 取值等于 0 V。流过电阻电感负载的电流 i_d 取值为 0A。

在 90°～180° 的区间内，输入侧的交流电压 u_2 处于正半周，晶闸管 VT_1 承受正向电压，在 90° 处，晶闸管 VT_1 有门极触发脉冲，VT_1 导通，电感 L 正在吸收能量，电流流向为变压器二次侧(a 点)→晶闸管 VT_1→电阻电感负载 RL→变压器二次侧(b 点)，此刻电阻电感负载两端电压 u_d 取值等于 u_2。流过电阻电感负载的电流 i_d 方向与图中标注正方向相同，因此取值为正。

在 180°～270° 区间内(不含 270°)，输入侧的单相交流电压 u_2 处于负半周，晶闸管

VT$_2$ 承受正向电压，但 VT$_2$ 的门极触发脉冲尚未施加，VT$_2$ 不导通。此刻电感 L 对电流有维持作用，因此 VT$_1$ 晶闸管中持续有电流流过，VT$_1$ 继续导通，电流流向与 90°～180° 区间的一致，电阻电感负载两端电压 u_d 取值等于 u_2。电流流向和上一个区间相同，方向与正方向一致，因此流过电阻电感负载的电流 i_d 取值为正。

在 270°～360° 区间内，输入侧的单相交流电压 u_2 处于负半周，晶闸管 VT$_2$ 承受正向电压，在 270° 时，晶闸管 VT$_2$ 有门极触发脉冲，VT$_2$ 导通，电感 L 正在吸收能量，电流流向为变压器二次侧(c 点)→晶闸管 VT$_2$→电阻电感负载 RL→变压器二次侧(b 点)，此刻电阻电感负载两端电压 u_d 取值等于 $-u_2$。流过电阻电感负载的电流 i_d 取值仍为正。

在 360°～450° 区间内，输入侧的交流电压 u_2 处于正半周，但没有门极触发脉冲，VT$_1$ 不导通，而此刻电感 L 对上一个区间的电流有维持作用，因此 VT$_2$ 晶闸管中持续有电流流过，VT$_2$ 继续导通，电流流向与 270°～360° 区间的一致，电阻电感负载两端电压 u_d 取值等于 $-u_2$，而流过电阻电感负载的电流 i_d 取值为正。

在 450°～540° 的区间，输入侧的交流电压 u_2 处于正半周，VT$_1$ 承受正向电压且有门极触发脉冲，电路又切换至 VT$_1$ 导通，电阻电感负载两端电压 u_d 取值等于 u_2，又一轮新的电路工作循环开始。

根据上述分析，得出电阻电感负载两端电压 u_d 的波形如图 2.19 所示。本次分析的是电路从最原始的关断状态至正常工作状态，因此得到的输出电压 u_d 在 0°～90° 的区间内为 0V，而电路稳定工作后，将不断重复 90°～450° 时的波形。

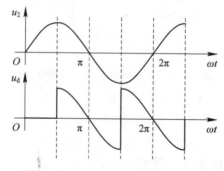

图 2.19　单相全波可控整流电路(带电阻电感负载)波形图

假设电感 L 取值非常大，有平波和续流的作用，输出电流 i_d 的波形为正的一条平直的直线。

【思考题】 单相全波可控整流电路(带电阻电感负载)控制角 α 移相范围为多少？

2.4　单相桥式半控整流电路

2.4.1　单相桥式半控整流电路(带电阻负载)

单相桥式半控整流电路(带电阻负载)结构如图 2.20 所示，由变压器 T、2 个二极管 VD$_2$ 和 VD$_4$、2 个晶闸管 VT$_1$ 和 VT$_3$、电阻负载 R 组成。

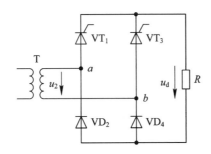

图 2.20　单相桥式半控整流电路(带电阻负载)

本次电路观测电阻负载 R 两端电压 u_d 的波形。由上几节分析可以推得，晶闸管 VT_1 和二极管 VD_4 在 $0° \sim 180°$ 的区间内承受正向电压，晶闸管 VT_3 和二极管 VD_2 在 $180° \sim 360°$ 的区间内承受正向电压。当晶闸管的控制角取值为 $60°$ 时，由于晶闸管 VT_1 从 $0°$ 开始承受正向电压，因此 VT_1 的门极触发脉冲在相位 $60°$ 的时刻施加；而由于晶闸管 VT_3 从 $180°$ 开始承受正向电压，因此 VT_3 的门极触发脉冲在相位 $240°$ 的时刻施加。$0° \sim 360°$ 区间内 VT_1 门极触发脉冲在相位 $60°$ 到来，VT_3 门极触发脉冲在相位 $240°$ 到来，后续周期不断重复该施加方式，例如在 $360° \sim 720°$ 的区间内，VT_1 的门极触发脉冲在相位 $420°$ 到来，VT_3 门极触发脉冲在相位 $600°$ 到来。根据以上分析便可推得各个管子在哪个区间内导通。

在 $0° \sim 60°$ 的区间内(不包含 $60°$)，虽然晶闸管 VT_1 和二极管 VD_4 承受正向电压，但是晶闸管 VT_1 的门极触发脉冲尚未到来，电路中的晶闸管不导通，没有回路形成，因此此刻电路中没有电流流过，电阻负载 R 两端电压 u_d 的取值为 0 V。

在 $60° \sim 180°$ 的区间内，晶闸管 VT_1 和二极管 VD_4 承受正向电压，且晶闸管 VT_1 的门极触发脉冲在 $60°$ 的瞬间到来，因此电路中晶闸管 VT_1 和二极管 VD_4 导通，电流流向为：变压器二次侧(a 点)→晶闸管 VT_1→电阻负载 R→二极管 VD_4→变压器二次侧(b 点)。电阻负载 R 两端电压 u_d 的取值等于 u_2。

在 $180° \sim 240°$ 的区间内(不包含 $240°$)，晶闸管 VT_1 和二极管 VD_4 承受反向电压关断，晶闸管 VT_3 和二极管 VD_2 承受正向电压，但此刻晶闸管 VT_3 的门极触发脉冲尚未到来，电路中没有晶闸管导通，没有回路形成，因此此刻电路中没有电流流过，电阻负载 R 两端电压 u_d 的取值为 0 V。

在 $240° \sim 360°$ 的区间内，晶闸管 VT_3 和二极管 VD_2 承受正向电压，晶闸管 VT_3 的门极触发脉冲在相位 $240°$ 的瞬间到来，因此在该区间内晶闸管 VT_3 和二极管 VD_2 导通，电流流向为：变压器二次侧(b 点)→晶闸管 VT_3→电阻负载 R→二极管 VD_2→变压器二次侧(a 点)。电阻负载 R 两端电压 u_d 的取值等于 $-u_2$。

为了更进一步理解该电路，继续往后分析一个区间。在 $360° \sim 420°$ 的区间内，晶闸管 VT_3 和二极管 VD_2 承受反向电压关断，而此刻虽然晶闸管 VT_1 和二极管 VD_4 承受正向电压，但在该区间内晶闸管 VT_1 的门极触发脉冲没有到来，因此电路中的晶闸管不导通，没有电流流过，电阻负载 R 两端电压 u_d 的取值为 0 V。

后续周期不断重复 $0° \sim 360°$ 时的工作状态，总结上述分析，得出单相桥式半控整流电路(带电阻负载)的工作情况如表 2.8 所示。

表2.8　单相桥式半控整流电路(带电阻负载)工作情况表

工作区间	变压器二次侧电压 u_2	管子承受电压情况	晶闸管是否有门极触发脉冲	管子通/断情况	u_d/V
0°～60°	正半周	VT$_1$、VD$_4$承受正向电压	无	无管子导通	0
60°～180°	正半周	VT$_1$、VD$_4$承受正向电压	VT$_1$有门极触发脉冲	VT$_1$、VD$_4$导通	u_2
180°～240°	负半周	VT$_3$、VD$_2$承受正向电压	无	无管子导通	0
240°～360°	负半周	VT$_3$、VD$_2$承受正向电压	VT$_3$有门极触发脉冲	VT$_3$、VD$_2$导通	$-u_2$
360°～420°	正半周	VT$_1$、VD$_4$承受正向电压	无	无管子导通	0

【思考题】　试分析当控制角 α 取值为 90° 时，单相桥式半控整流电路(带电阻负载)R 两端电压 u_d 的波形。

2.4.2　单相桥式半控整流电路(带电阻电感负载)

单相桥式半控整流电路(带电阻电感负载)结构如图 2.21 所示，由变压器 T、2 个二极管 VD$_2$ 和 VD$_4$、2 个晶闸管 VT$_1$ 和 VT$_3$、电阻电感负载 RL 组成。

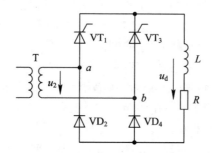

图 2.21　单相桥式半控整流电路(带电阻电感负载)

本次电路观测电阻电感负载 RL 两端电压 u_d 的波形，由于电路带有电感负载，因此会对工作情况产生一定影响。晶闸管 VT$_1$ 和二极管 VD$_4$ 在 0°～180° 的区间内承受正向电压，晶闸管 VT$_3$ 和二极管 VD$_2$ 在 180°～360° 的区间内承受正向电压。当晶闸管的控制角取值为 60° 时，VT$_1$ 的门极触发脉冲在相位 60° 的时刻施加，VT$_3$ 的门极触发脉冲在相位 240° 的时刻施加。

在 0°～60° 区间内(不包含 60°)，晶闸管 VT$_1$ 和二极管 VD$_4$ 承受正向电压，但晶闸管 VT$_1$ 没有门极触发脉冲，因此电路中的晶闸管不导通，没有电流流过，电阻电感负载 RL 两端电压 u_d 的取值为 0 V。

在 60°～180° 区间内，晶闸管 VT$_1$ 和二极管 VD$_4$ 承受正向电压，且晶闸管 VT$_1$ 的门极触发脉冲在相位 60° 到来，因此电路中晶闸管 VT$_1$ 和二极管 VD$_4$ 导通，电流流向为：变压器二次侧(a 点)→晶闸管 VT$_1$→电阻电感负载 RL→二极管 VD$_4$→变压器二次侧(b 点)。电阻电感负载 RL 两端电压 u_d 的取值等于 u_2。

在 180°～240° 区间内(不包含 240°)，二极管 VD₄ 承受反向电压关断，晶闸管 VT₃ 的门极触发脉冲尚未到来，因此 VT₃ 也未导通。由于电感 L 的续流，晶闸管 VT₁ 可以继续导通，电流流向切换至 VD₂ 和 VT₁ 处，因此此刻电流的回路为：电阻电感负载 RL→二极管 VD₂→晶闸管 VT₁→电阻电感负载 RL。电阻电感负载 RL 两端电压 u_d 的取值为 0 V。

在 240°～360° 的区间内，晶闸管 VT₃ 和二极管 VD₂ 承受正向电压，晶闸管 VT₃ 的门极触发脉冲在相位 240° 到来，因此在该区间内晶闸管 VT₃ 和二极管 VD₂ 导通，电流流向为：变压器二次侧(b 点)→晶闸管 VT₃→电阻电感负载 RL→二极管 VD₂→变压器二次侧(a 点)。电阻电感负载 RL 两端电压 u_d 的取值等于$-u_2$。

为了更进一步理解该电路，继续往后分析一个区间。在 360°～420° 的区间内，二极管 VD₂ 承受反向电压关断，而此刻 VD₄ 承受正向电压可以导通，且由于电感 L 的续流，晶闸管 VT₃ 可以继续导通，因此此刻电流的回路为：电阻电感负载 RL→二极管 VD₄→晶闸管 VT₃→电阻电感负载 RL。电阻电感负载 RL 两端电压 u_d 的取值为 0 V。

后续周期不断重复上述工作状态，总结上述分析，得出单相桥式半控整流电路(带电阻电感负载)的波形如图 2.22 所示。

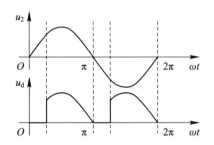

图 2.22 单相桥式半控整流电路(带电阻电感负载)波形图

但该电路存在一些问题，例如，如果单相桥式半控整流电路(带电阻电感负载)晶闸管 VT₁ 的门极触发脉冲丢失，则会发生一个晶闸管持续导通，而两个二极管 VD₂、VD₄ 轮流导通的失控情况，电阻电感负载 RL 两端的输出波形会变为正弦半波，因此为了避免此种情况发生，需要在电阻电感负载 RL 两端并联一个续流二极管，单相桥式半控整流电路(带电阻电感负载并联二极管)将在后续章节进行仿真。

习　　题

1. 简述整流电路的功能及典型应用场合。

2. 绘制一个周期内单相半波可控整流电路(带电阻负载)控制角为 30° 时，电阻负载两端电压 u_d 和晶闸管两端电压 u_{VT} 的波形图。

3. 单相半波可控整流电路(带电阻负载)控制角的移相范围是多少？

4. 绘制一个周期内单相半波可控整流电路(带电阻电感负载)控制角为 45° 时，负载两端电压 u_d 和晶闸管两端电压 u_{VT} 的波形图。

5. 分析一个周期内单相桥式不可控整流电路中，二极管 VD₁、VD₄ 承受正向电压的起始时刻，二极管 VD_2、VD_3 承受正向电压的起始时刻分别在何处。

6. 绘制一个周期内单相桥式全控整流电路(带电阻负载)控制角为 60° 时，电阻负载两端电压 u_d 和晶闸管两端电压 u_{VT} 的波形图。

7. 单相桥式全控整流电路(带电阻电感负载)控制角的移相范围是多少？

8. 绘制一个周期内单相桥式全控整流电路(带电阻电感负载)控制角为 45° 时，负载两端电压 u_d 的波形图。

9. 单相全波可控整流电路(带电阻负载)控制角的移相范围是多少？

10. 简述单相桥式半控整流电路的缺点。

第 3 章　三相整流电路

三相整流电路的作用是将输入的交流电变为直流电(即 AC→DC)，其输入侧为三相交流电。本章主要分析的电路有三相半波不可控整流电路、三相半波可控整流电路(带 R 或者 RL 负载)、三相桥式不可控整流电路、三相桥式全控整流电路(带 R 或者 RL 负载)。

3.1　三相半波整流电路

3.1.1　三相半波不可控整流电路

三相半波不可控整流电路由 3 个二极管 VD_1、VD_2、VD_3，变压器，电阻负载 R 构成，如图 3.1 所示，变压器一次侧为三角形接法，二次侧为星形接法，图中仅画出变压器二次侧，二极管的接法为共阴极接法，二极管的阴极连接在一起，在这种情况下，若 a、b、c 三相电中哪一相电压最大，则该相所对应的二极管导通(因为此刻该相的二极管承受正向电压)。

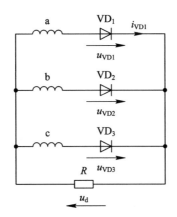

图 3.1　三相半波不可控整流电路结构图(共阴极接法)

本电路将分析电阻负载 R 两端电压 u_d，流过电阻负载 R 的电流 i_d，流过二极管 VD_1、VD_2、VD_3 的电流 i_{VD1}、i_{VD2}、i_{VD3} 以及二极管 VD_1 两端的电压 u_{VD1} 的情况。

由三相交流电波形可得，在 $30° \sim 150°$ 的区间内，a 相电压最大，二极管 VD_1 承受正向电压导通，电流流向为变压器二次侧 a 相→二极管 VD_1→电阻负载 R。此刻电阻负载 R 两端的电压 u_d 取值等于 a 相电压 u_a，两者波形一致；流过电阻负载的电流 $i_d = u_d/R = u_a/R$；

i_{VD1} 取值和 i_d 相等，即 $i_{VD1} = i_d = u_d/R = u_a/R$，$i_{VD2}$ 为 0 A，i_{VD3} 为 0 A；由于电路中将二极管看作理想二极管，因此，在 VD_1 导通时其两端电压 u_{VD1} 的取值为 0 V。

在 150°～270° 的区间内，b 相电压最大，二极管 VD_2 承受正向电压导通，电流流向为变压器二次侧 b 相→二极管 VD_2→电阻负载 R。此刻电阻负载 R 两端的电压 u_d 取值等于 b 相电压 u_b，两者波形一致；流过电阻负载 R 的电流 $i_d = u_d/R = u_b/R$；i_{VD1} 取值为 0 A，i_{VD2} 取值和 i_d 相等，即 $i_{VD2} = i_d = u_d/R = u_b/R$，$i_{VD3}$ 为 0 A；二极管 VD_1 阳极电压为三相电压中的 a 相位电压 u_a，阴极电压则为 u_b，阳极电压减阴极电压即可得出二极管两端电压 $u_{VD1} = u_a - u_b = u_{ab}$；由三相交流电波形可得，在 150°～270° 的区间内，u_{ab} 取值为负，因此，VD_1 管承受反向电压不导通。

在 270°～390° 的区间内，c 相电压最大，二极管 VD_3 承受正向电压导通，电流流向为变压器二次侧 c 相电压→二极管 VD_3→电阻负载 R。此刻电阻负载 R 两端的电压 u_d 取值等于 c 相电压 u_c，两者波形一致；流过电阻负载 R 的电流 $i_d = u_d/R = u_c/R$；i_{VD1} 取值为 0 A，i_{VD2} 取值为 0 A，i_{VD3} 和 i_d 相等，即 $i_{VD3} = i_d = u_d/R = u_c/R$；二极管 VD_1 阳极电压为三相电压中的 a 相位电压 u_a，阴极电压则为电压 u_c，阳极电压减阴极电压即可得出二极管两端电压 $u_{VD1} = u_a - u_c = u_{ac}$；由三相交流电波形可得，在 270°～390° 的区间内，u_{ac} 取值为负，因此，VD_1 管子承受反向电压不导通。

根据上述分析，可以得出 30°～390° 之间的波形(即得出了一个周期 360° 的波形)，后续电路重复该区间的工作状态及波形，最终得出的电阻负载 R 两端电压 u_d、流过电阻负载 R 的电流 i_d、流过二极管 VD_1 的电流 i_{VD1}、二极管两端电压 u_{VD1} 的波形如图 3.2 所示，图中所示为电路已经稳定工作一段时间后的波形图，因此在相位 0°～30° 之间也有相应波形。

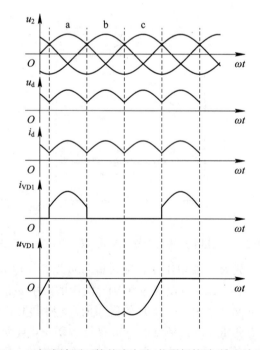

图 3.2 三相半波不可控整流电路(共阴极接法)输出波形图

与共阴极接法相对应的还有共阳极接法，如图 3.3 所示，图中标注的电压、电流方向为正方向，并不是电压和电流实际的工作方向。三个二极管的阳极端连接在一起，此刻，a、b、c 三相电中哪一相电压最小，该相所对应的二极管导通，因为此刻该相的二极管承受正向电压，另外两相中的二极管承受反向电压，处于关断状态。

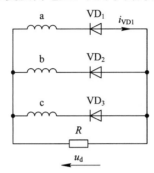

图 3.3　三相半波不可控整流电路结构图(共阳极接法)

由图 3.2 中三相交流电压的波形 u_2 可得，在 0°～90° 的区间内，b 相电压最小，对应的二极管 VD_2 承受正向电压导通，此刻电流的流向为变压器二次侧 b 相→电阻负载 R→二极管 VD_2，此刻电阻负载两端电压 u_d 取值和 u_b 相等，二者波形一致。VD_1 在该区间内不导通，因此流过 VD_1 二极管的电流 i_{VD1} 取值为 0 A。

在 90°～210° 的区间内，c 相电压最小，对应的二极管 VD_3 承受正向电压导通，此刻电流的流向为变压器二次侧 c 相→电阻负载 R→二极管 VD_3，此刻电阻负载两端电压 u_d 取值和 u_c 相等，二者波形一致。VD_1 在该区间内仍旧不导通，因此流过 VD_1 的电流 i_{VD1} 取值为 0 A。

在 210°～330° 的区间内，a 相电压最小，对应的二极管 VD_1 承受正向电压导通，此刻电流的流向为变压器二次侧 a 相→电阻负载 R→二极管 VD_1，此刻电阻负载两端电压 u_d 取值和 u_a 相等，二者波形一致。VD_1 在该区间内承受正向电压导通，因此 i_{VD1} 取值等于 u_d/R。330° 后又切换为 b 相电压最小，二极管 VD_2 承受正向电压导通，从头开始循环。

根据上述分析，三相半波不可控整流电路(共阳极接法)电阻负载上的电压 u_d、流过二极管 VD_1 的电流 i_{VD1} 波形如图 3.4 所示。

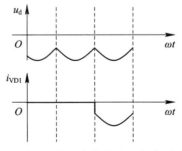

图 3.4　三相半波不可控整流电路(共阳极接法)输出波形图

【思考题】　在三相半波不可控整流电路(共阳极接法)的分析中，得出了电阻负载上的电压 u_d、流过二极管 VD_1 的电流 i_{VD1} 的波形，试分析流过二极管 VD_2、VD_3 的电流 i_{VD2}、i_{VD3} 的波形，并绘制二极管 VD_1 两端电压 u_{VD1} 的波形图。

3.1.2　三相半波可控整流电路(带电阻负载)

将三相半波不可控整流电路(共阴极接法)中的 3 个二极管替换为 3 个晶闸管 VT_1、VT2、VT_3 即可得到三相半波可控整流电路(带电阻负载)，如图 3.5 所示。

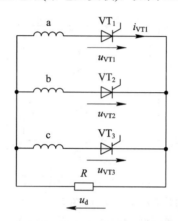

图 3.5　三相半波可控整流电路(带电阻负载)结构图

由 3.1.1 节可以得出，在三相半波不可控整流电路(共阴极接法)中，二极管 VD_1 在 30°～150°的区间内承受正向电压，VD_2 在 150°～270°的区间内承受正向电压，VD_3 在 270°～390°的区间内承受正向电压。当将二极管替换为晶闸管时，可推得，晶闸管 VT_1 承受正向电压的起始时刻是 30°，晶闸管 VT_2 承受正向电压的起始时刻是 150°，晶闸管 VT_3 承受正向电压的起始时刻是 270°。因此，当晶闸管控制角 α 取值为 30°时，VT_1 管的门极触发脉冲施加在相位 60°处，VT_2 管的门极触发脉冲施加在相位 180°处，VT_3 管的门极触发脉冲施加在相位 300°处。

本次电路分析相位上 60°～420°(即一个周期)中电阻负载 R 两端电压 u_d、流过晶闸管 VT_1 的电流 i_{VT1} 以及晶闸管 VT_1 两端的电压 u_{VT1} 的波形，控制角 α 取值为 30°。

在 60°之前，即在相位 0°～60°的区间内，晶闸管的门极触发脉冲尚未到来，因此电路中没有晶闸管导通，电路尚未开始工作。

在相位 60°的瞬间，VT_1 承受正向电压且门极触发脉冲到来，VT_1 管导通，电流的流向为：变压器二次侧 a 相→晶闸管 VT_1→电阻负载 R。此刻电阻负载 R 两端的电压 u_d 取值等于 a 相电压 u_a，两者波形一致；在 VT_1 导通时 VT_1 两端电压 u_{VT1} 的取值为 0 V；i_{VT1} 取值为 u_d/R。该工作状态在 60°～180°一直保持。

在相位到达 180°的时候，根据三相电压波形图可得 a 相电压由正半周切换至负半周，晶闸管 VT_1 承受反向电压关断，而 VT_2 承受正向电压且门极触发脉冲就在 180°施加，因此，从 180°开始，晶闸管 VT_2 导通，电流的流向为：变压器二次侧 b 相→晶闸管 VT_2→电阻负载 R。此刻电阻负载 R 两端的电压 u_d 取值等于 b 相电压 u_b，两者波形一致；由于此刻 VT_1 不导通，VT_1 阳极电压为 a 相电压 u_a，阴极电压为 b 相电压 u_b，VT_1 两端电压 u_{VT1} 的取值为阳极减阴极，即 $u_{VT1} = u_a - u_b = u_{ab}$；$i_{VT1}$ 取值为 0 A。该工作状态在 180°～300°一直保持。

在相位到达 300°的时候，根据三相电压波形图可得 b 相电压由正半周切换至负半周，

晶闸管 VT_2 承受反向电压关断，而此刻 VT_3 承受正向电压且门极触发脉冲在 300° 施加，因此，从 300° 开始，晶闸管 VT_3 导通，电流的流向为：变压器二次侧 c 相→晶闸管 VT_3→电阻负载 R。此刻电阻负载 R 两端的电压 u_d 取值等于 c 相电压 u_c，两者波形一致；在该区间内，晶闸管 VT_1 不导通，VT_1 阳极电压为 a 相电压 u_a，阴极电压为 c 相电压 u_c，VT_1 两端电压 u_{VT1} 的取值为 $u_a - u_c = u_{ac}$；i_{VT1} 取值为 0 A。该工作状态在 300°～420° 一直保持。而后电路不断重复 60°～420° 这一个周期内的工作状态。

在上述区间中，流过电阻负载 R 的电流 $i_d = u_d/R$，因此，电压波形 u_d 和电流波形 i_d 形状一致，仅因电阻负载的取值不同，幅值有一定的区别。

根据上述分析，得出电阻负载 R 两端电压 u_d、流过晶闸管 VT_1 的电流 i_{VT1} 波形如图 3.6 所示。本次分析的是电路从原始关断状态到正常工作状态，因此 0°～60° 的区间中无电压、电流波形显示。

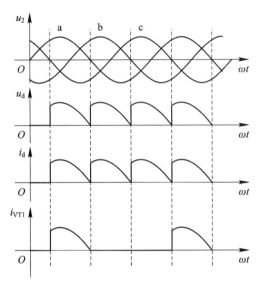

图 3.6　三相半波可控整流电路(带电阻负载)波形图

上文分析了晶闸管控制角 α 取值为 30° 时的工作情况，推导可知如果控制角度继续增大，一直到 150° 时，整流输出电压平均值将变为 0V，因此三相半波可控整流电路(带电阻负载)控制角 α 取值范围为 0°～150°。当控制角 α 取值范围在 0°～30° 时，整流输出电压 u_d 的波形连续；当控制角 α 取值范围在 30°～150° 时，整流输出电压 u_d 的波形断续。因此计算整流输出电压平均值分为两种情况。

(1) 当 α 取值范围在 0°～30° 时：

$$U_d = \frac{1}{\frac{2\pi}{3}} \int_{\frac{\pi}{6}+\alpha}^{\frac{5\pi}{6}+\alpha} \sqrt{2}U_2\sin\omega t\,\mathrm{d}(\omega t) = 1.17U_2\cos\alpha \tag{3-1}$$

(2) 当 α 取值范围在 30°～150° 时：

$$U_d = \frac{1}{\frac{2\pi}{3}} \int_{\frac{\pi}{6}+\alpha}^{\pi} \sqrt{2}U_2\sin\omega t\,\mathrm{d}(\omega t) = 0.675\left[1+\cos\left(\frac{\pi}{6}+\alpha\right)\right] \tag{3-2}$$

【思考题】 试绘制当三相半波可控整流电路(带电阻负载)控制角 α 取值为 30° 时，晶闸管 VT$_1$ 两端电压 u_{VT1} 的波形；分析当控制角 α 取值分别为 60°、90° 时，u_d、i_{VT1}、u_{VT1} 的波形。

3.1.3　三相半波可控整流电路(带电阻电感负载)

三相半波可控整流电路(带电阻电感负载)由变压器、晶闸管、电阻电感负载组成，如图 3.7 所示。

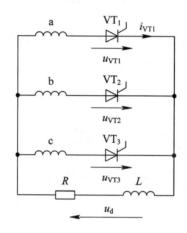

图 3.7　三相半波可控整流电路(带电阻电感负载)结构图

该电路由于带电阻电感负载 RL，所以工作时输出的波形和仅仅带电阻负载时有区别，本次电路将分析一个周期内(90°～450°)，控制角 α 取值为 60° 时，电阻电感负载两端电压 u_d 的波形情况。VT$_1$、VT$_2$、VT$_3$ 承受正向电压的起始时刻分别为 30°、150°、270°，因此当 α 取值为 60° 时，三个晶闸管的门极触发脉冲分别施加在 90°、210°、330°。

90° 之前，由于 3 个晶闸管的门极触发脉冲都未施加，所以在 0°～90° 的区间内，没有晶闸管导通。90° 的瞬间，VT$_1$ 承受正向电压，且该管的门极触发脉冲在 90° 施加，VT$_1$ 导通，电流的流向为：变压器二次侧 a 相→晶闸管 VT$_1$→电阻电感负载 RL。此刻电阻电感负载 RL 两端的电压 u_d 取值等于 a 相电压 u_a，两者波形一致，能量传输方向为从 a 相传输到电阻电感负载 RL 处。当相位到达 180° 时，a 相电压从正半周切换至负半周，但由于有电感的存在，电流不会突变，因此仍旧有电流在电路中流通，晶闸管 VT$_1$ 继续导通，但此刻能量传输方向为由电感 L 向 a 相反向充电。电流流向与之前相同，因此 RL 两端的电压 u_d 取值仍等于 a 相电压 u_a，两者波形一致，该工作状态一直持续到 210°。在该区间内一直有电流流过晶闸管 VT$_1$，同时流过晶闸管 VT$_1$ 的电流取值 i_{VT1} 和流过电阻电感负载的电流 i_d 取值相等，该电流的流向和正方向保持一致，因此 $i_d = i_{VT1} > 0$，流过晶闸管 VT$_2$ 和 VT$_3$ 的电流取值都为 0 A。在该区间内晶闸管 VT$_1$ 导通，其两端电压 $u_{VT1} = 0$ V。

当相位角度到达 210° 时，VT$_2$ 承受正向电压且门极触发脉冲到来，VT$_2$ 管导通，电流流向切换为：变压器二次侧 b 相→晶闸管 VT$_2$→电阻电感负载 RL。此刻电阻电感负载 RL 两端的电压 u_d 取值等于 b 相电压 u_b，两者波形一致，能量传输方向为从 b 相传输到电阻电

感负载 RL 处。当相位到达 300° 时，b 相电压从正半周切换至负半周，电感起到续流的作用，晶闸管 VT_2 继续导通，此刻能量传输方向为由电感 L 向 b 相反向充电。电流流向与之前相同，电阻电感负载 RL 两端的电压 u_d 取值仍等于 b 相电压 u_b，两者波形一致，该工作状态一直持续到 330°。在该区间内一直有电流流过晶闸管 VT_2，流过晶闸管 VT_2 的电流取值 i_{VT2} 和流过 RL 负载的电流 i_d 取值相等，该电流的流向和正方向保持一致，因此 $i_d = i_{VT2} > 0$，此刻流过晶闸管 VT_1 和 VT_3 的电流取值均为 0A。在该工作区间内，晶闸管 VT_1 的阳极电压为 u_a，阴极电压为 u_b，因此可得 VT_1 管两端电压 $u_{VT1} = u_a - u_b = u_{ab}$。

在 330° 时，VT_3 管承受正向电压同时有门极触发脉冲，VT_3 导通，电流流向为：变压器二次侧 c 相→晶闸管 VT_3→电阻电感负载 RL。此刻 RL 两端的电压 u_d 值等于 c 相电压 u_c，两者波形一致，能量从 c 相传输到电阻电感负载 RL 处。当相位到达 420° 时，c 相电压从正半周切换至负半周，电感起到续流作用使得 VT_3 继续导通，能量从电感 L 传输到 c 相。电流流向与之前相同，电阻电感负载 RL 两端的电压 u_d 仍旧等于 c 相电压 u_c，该工作状态一直持续到 450°。在该区间内一直有电流流过晶闸管 VT_3，同时流过晶闸管 VT_3 的电流取值 i_{VT3} 和流过电阻电感负载的电流 i_d 取值相等，该电流的流向和正方向保持一致，因此 $i_d = i_{VT3} > 0$，流过晶闸管 VT_1 和 VT_2 的电流取值都为 0A。在该区间内，晶闸管 VT_1 的阳极电压为 u_a，阴极电压为 u_c，因此可得 VT_1 管两端电压 $u_{VT1} = u_a - u_c = u_{ac}$。450° 后不断重复上述 90°～450° 的工作状态。

根据上述分析，得出三相半波可控整流电路(带电阻电感负载)输出的波形如图 3.8 所示。本次分析的是电路从原始关断状态到正常工作状态，因此 0°～90° 的区间中无电压、电流波形显示。

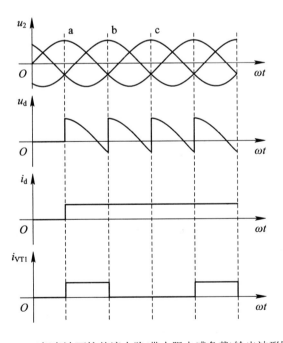

图 3.8　三相半波可控整流电路(带电阻电感负载)输出波形图

上文分析的是三相半波可控整流电路(带电阻电感负载)的工作情况，根据分析过程可以推出，当晶闸管的控制角 α 取值为 90° 时，电阻电感负载两端电压 u_d 波形中，正半周的面积和负半周的面积相等，即输出电压 u_d 平均值为 0 V，因此，可得三相半波可控整流电路(带电阻电感负载)控制角 α 的取值范围为 0°～90°。

由于该带电阻电感负载电路工作时，输出电压 u_d 的波形一直连续，因此可以计算得出输出电压的平均值公式为：

$$U_d = \frac{1}{\frac{2\pi}{3}} \int_{\frac{\pi}{6}+\alpha}^{\frac{5\pi}{6}+\alpha} \sqrt{2} U_2 \sin\omega t \, \mathrm{d}(\omega t) = 1.17 U_2 \cos\alpha \tag{3-3}$$

【思考题】 试绘制出上文工作条件中，晶闸管 VT_1 两端电压 u_{VT1} 的波形；试分析当三相半波可控整流电路(带电阻电感负载)控制角 α 取值为 90° 时，电阻电感负载 RL 两端电压 u_d、流过电阻电感负载的电流 i_d、流过晶闸管 VT_1 的电流 i_{VT1} 的波形图。

3.2 三相桥式整流电路

3.2.1 三相桥式不可控整流电路

三相桥式不可控整流电路由变压器、6 个二极管 VD_1～VD_6、电阻负载 R 组成，如图 3.9 所示，图中仅标出变压器二次侧。

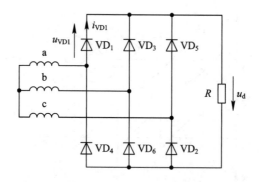

图 3.9 三相桥式不可控整流电路结构图

在该电路中 VD_1、VD_3、VD_5 组成共阴极组，这 3 个二极管的阳极分别接至 a 相、b 相、c 相，在运行过程中，哪一相的电压最大，则该相所对应的二极管导通；VD_4、VD_6、VD_2 组成共阳极组，而这 3 个二极管的阴极分别接至 a 相、b 相、c 相，哪一相的电压最小，哪一相就导通。

由图 3.6 中三相电的波形 u_2 可得在 0°～30° 的区间内，c 相电压最大；在 30°～150° 的区间内，a 相电压最大；在 150°～270° 的区间内，b 相电压最大；在 270°～390° 的区间内，c 相电压最大；后续相位区间可继续判断观测哪一相位电压最大。接着观察相位电压最小的区间，在 0°～90° 的区间内，b 相电压最小；在 90°～210° 的区间内，c 相电压最小；在 210°～330° 的区间内，a 相电压最小；330°～450° 区间内，b 相电压最小。根据上述分析可以观测不同区间哪一相电压最大，哪一相电压最小，并由此判断各个二极管的通断情况，分析电阻负载 R 两端的电压 u_d、流过 VD_1 的电流 i_{VD1}、VD_1 两端的电压 u_{VD1}。

在 0°～30° 的区间内，c 相电压最大，b 相电压最小，因此共阴极导通的二极管为 VD_5，共阳极导通的二极管为 VD_6，电阻负载上端电压为 u_c，下端电压为 u_b，根据正方向将上端电压减去下端电压得到电阻负载 R 两端的电压 $u_d = u_{cb}$。此刻二极管 VD_1 不导通，因此 i_{VD1} 取值为 0 A。二极管 VD_1 阳极的电压为 u_a，阴极的电压为 u_c，因此二极管两端电压 u_{VD1} 的取值为 u_{ac}。

在 30°～90° 的区间内，a 相电压最大，b 相电压最小，因此共阴极导通的二极管为 VD_1，共阳极导通的二极管为 VD_6，电阻负载上端电压为 u_a，下端电压为 u_b，根据正方向将上端电压减去下端电压得到电阻负载 R 两端的电压 $u_d = u_{ab}$。此刻 VD_1 导通，因此流过该二极管的电流 i_{VD1} 取值为 u_d/R，二极管两端电压 u_{VD1} 取值为 0 V。

在 90°～150° 的区间内，a 相电压最大，c 相电压最小，因此共阴极导通的二极管为 VD_1，共阳极导通的二极管为 VD_2，电阻负载上端电压为 u_a，下端电压为 u_c，根据正方向将上端电压减去下端电压得到电阻负载 R 两端的电压 $u_d = u_{ac}$。此刻 VD_1 导通，因此流过该二极管的电流 i_{VD1} 取值为 u_d/R，二极管两端电压 u_{VD1} 取值为 0 V。

在 150°～210° 的区间内，b 相电压最大，c 相电压最小，因此共阴极导通的二极管为 VD_3，共阳极导通的二极管为 VD_2，电阻负载上端电压为 u_b，下端电压为 u_c，根据正方向将上端电压减去下端电压得到电阻负载 R 两端的电压 $u_d = u_{bc}$。此刻二极管 VD_1 不导通，因此 i_{VD1} 取值为 0 A。二极管 VD_1 阳极的电压为 u_a，阴极的电压为 u_b，因此二极管两端电压 u_{VD1} 的取值为 u_{ab}。

在 210°～270° 的区间内，b 相电压最大，a 相电压最小，因此共阴极导通的二极管为 VD_3，共阳极导通的二极管为 VD_4，电阻负载上端电压为 u_b，下端电压为 u_a，根据正方向将上端电压减去下端电压得到电阻负载 R 两端的电压 $u_d = u_{ba}$。此刻二极管 VD_1 不导通，因此 i_{VD1} 取值为 0 A。二极管 VD_1 阳极的电压为 u_a，阴极的电压为 u_b，因此二极管两端电压 u_{VD1} 的取值为 u_{ab}。

在 270°～330° 的区间内，c 相电压最大，a 相电压最小，因此共阴极导通的二极管为 VD_5，共阳极导通的二极管为 VD_4，电阻负载上端电压为 u_c，下端电压为 u_a，根据正方向将上端电压减去下端电压得到电阻负载 R 两端的电压 $u_d = u_{ca}$。此刻二极管 VD_1 不导通，因此 i_{VD1} 取值为 0 A。二极管 VD_1 阳极的电压为 u_a，阴极的电压为 u_c，因此二极管两端电压 u_{VD1} 的取值为 u_{ac}。

在 330°～390° 的区间内，c 相电压最大，b 相电压最小，因此共阴极导通的二极管为 VD_5，共阳极导通的二极管为 VD_6，电阻负载上端电压为 u_c，下端电压为 u_b，根据正方向将上端电压减去下端电压得到电阻负载 R 两端的电压 $u_d = u_{cb}$。此刻二极管 VD_1 不导通，因此 i_{VD1} 取值为 0 A。二极管 VD_1 阳极的电压为 u_a，阴极的电压为 u_c，因此二极管两端电压 u_{VD1} 的取值为 u_{ac}。

根据上述分析，得出三相桥式不可控整流电路电阻负载 R 两端的电压 u_d、流过 VD_1 的电流 i_{VD1}、VD_1 两端的电压 u_{VD1} 的波形如图 3.10 所示。

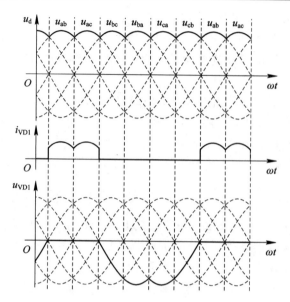

图 3.10　三相桥式不可控整流电路输出波形图

3.2.2　三相桥式全控整流电路(带电阻负载)

三相桥式全控整流电路(带电阻负载)由变压器、6 个晶闸管 $VT_1 \sim VT_6$、电阻负载 R 构成，如图 3.11 所示。

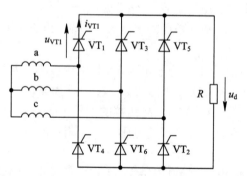

图 3.11　三相桥式全控整流电路(带电阻负载)结构图

由 3.2.1 节三相桥式不可控整流电路的分析可得，二极管 VD_1 在区间 30°～150° 承受正向电压、VD_2 在区间 90°～210° 承受正向电压、VD_3 在区间 150°～270° 承受正向电压、VD_4 在区间 210°～330° 承受正向电压、VD_5 在区间 270°～390° 承受正向电压、VD_6 在区间 -30°～90° 承受正向电压。当将图 3.9 中二极管都替换为晶闸管时，便组成三相桥式全控整流电路(带电阻负载)，由此可以推得晶闸管 VT_1 从 30° 开始承受正向电压，VT_2 从 90° 开始承受正向电压，VT_3 从 150° 开始承受正向电压，VT_4 从 210° 开始承受正向电压，VT_5 从 270° 开始承受正向电压，VT_6 从 -30° 开始承受正向电压。当控制角 α 的取值为 30° 时，VT_1 的脉冲施加时刻为 60°、VT_2 的脉冲施加时刻为 120°、VT_3 的脉冲施加时刻为 180°、VT_4 的脉冲施加时刻为 240°、VT_5 的脉冲施加时刻为 300°、VT_6 的脉冲施加时刻为 0°。

由以上分析便可得出每个晶闸管导通的区间，该电路将分析电阻负载两端电压 u_d、流过晶闸管 VT_1 的电流 i_{VT1}、晶闸管 VT_1 两端电压 u_{VT1} 的波形。对共阴极组 VT_1、VT_3、VT_5 而言，电路工作情况分析如下：

(1) 在 60°的时刻，VT_1 承受正向电压且该管的门极触发脉冲到来，因此 VT_1 管导通，VT_1 两端电压取值为 0 V，该工作状态一直持续到 180°的时刻，即 30°～180°的时候 VT_1 管导通，$u_{VT1} = 0$ V。

(2) 当到达 180°时，VT_3 管承受正向电压且该管的门极触发脉冲到达，VT_3 管导通，将 b 相电压引到共阴极处，VT_1 管的阳极电压为 a 相电压，阴极电压为 b 相电压，在该时刻 b 相电压大于 a 相，所以 VT_1 管关断，VT_1 管两端电压取值为 u_{ab}，该状态一直持续到 300°，即在 180°～300°的区间内 VT_3 管导通，$u_{VT1} = u_{ab}$。

(3) 当到达 300°时，VT_5 管承受正向电压且该管的门极触发脉冲到达，VT_5 管导通，将 c 相电压引到共阴极处，此刻 VT_3 管的阳极电压为 b 相电压，阴极电压为 c 相电压，c 相电压大于 b 相，所以此刻 VT_3 管关断。而在该区间内对于 VT_1 管而言，阴极电压为 c 相，阳极电压为 a 相，且没有门极触发脉冲到来，因此 VT_1 管继续关断，VT_1 管两端电压取值为 u_{ac}，该状态一直持续到 420°，即在 300°～420°的区间内 VT_5 管保持导通，$u_{VT1} = u_{ac}$。

共阴极组晶闸管 VT_1、VT_3、VT_5 的导通情况总结如表 3.1 所示，后续周期共阴极组重复上述区间内的工作情况。

表 3.1 共阴极组晶闸管导通情况表

工作区间	共阴极组导通的晶闸管
60°～180°	VT_1
180°～300°	VT_3
300°～420°	VT_5

对共阳极组 VT_2、VT_4、VT_6 而言，控制角的取值为 30°时，电路工作情况分析如下：

(1) 在 0°时，VT_6 管承受正向电压且该管有门极触发脉冲，因此 VT_6 导通，该导通情况一直持续到 120°，即 0°～120°的区间内 VT_6 管导通。

(2) 在 120°时，VT_2 管承受正向电压且该管有门极触发脉冲，因此 VT_2 导通，将 c 相电压引到 VT_2、VT_4、VT_6 共有的阳极端口，VT_6 管阴极为 b 相电压 u_b，阳极为 c 相电压 u_c，此刻 b 相电压大于 c 相电压，因此 VT_6 管承受反向电压关断。该工作情况一直持续到 240°时，即 120°～240°的区间内 VT_2 管导通。

(3) 在 240°时，VT_4 管承受正向电压且该管有门极触发脉冲，因此 VT_4 导通，将 a 相电压引到 VT_2、VT_4、VT_6 共有的阳极端口，VT_2 管阴极为 c 相电压 u_c，阳极为 a 相电压 u_a，此刻 c 相电压大于 a 相电压，因此 VT_2 管承受反向电压关断。该工作情况一直持续到 360°时，即 240°～360°的区间内 VT_4 管导通。

共阳极组晶闸管 VT_2、VT_4、VT_6 的导通情况总结如表 3.2 所示，后续周期共阳极组重复上述区间内的工作情况，例如 360°～480°的区间内又变为 VT_6 导通。

表 3.2 共阳极组晶闸管导通情况表

工作区间	共阳极组导通的晶闸管
$0°\sim120°$	VT_6
$120°\sim240°$	VT_2
$240°\sim360°$	VT_4

根据上述分析，$VT_1\sim VT_6$ 每个晶闸管导通的区间确定，结合表 3.1 和表 3.2 可分析电路中电流的流通情况，得到电阻负载两端电压 u_d、流过晶闸管 VT_1 的电流 i_{VT1}、晶闸管 VT_1 两端电压 u_{VT1} 的波形。本次电路分析 $60°\sim420°$ 区间内的波形情况(即一个周期)，门极触发脉冲控制角的取值为 $30°$。

在 $60°\sim120°$ 的区间内，导通的晶闸管为共阴极组的 VT_1 和共阳极组的 VT_6，电流的流向为 a 相→晶闸管 VT_1→电阻负载 R→晶闸管 VT_6→b 相，晶闸管 VT_1 将 a 相电压 u_a 引到电阻负载 R 的上端，VT_6 将 b 相电压 u_b 引到电阻负载 R 的下端，由此可得电阻负载 R 两端电压 u_d 在该区间内等于 $u_a-u_b=u_{ab}$。此刻有电流流过晶闸管 VT_1，可得出 $i_{VT1}=u_d/R$。由于 VT_1 导通，因此该管两端电压 u_{VT1} 取值为 0 V。

在 $120°\sim180°$ 的区间内，导通的晶闸管为共阴极组的 VT_1 和共阳极组的 VT_2，电流的流向为 a 相→晶闸管 VT_1→电阻负载 R→晶闸管 VT_2→c 相，晶闸管 VT_1 将 a 相电压 u_a 引到电阻负载 R 的上端，VT_2 将 c 相电压 u_c 引到电阻负载 R 的下端，由此可得电阻负载 R 两端电压 u_d 在该区间内等于 $u_a-u_c=u_{ac}$。此刻有电流流过晶闸管 VT_1，可得出 $i_{VT1}=u_d/R$。由于 VT_1 导通，因此该管两端电压 u_{VT1} 取值为 0 V。

在 $180°\sim240°$ 的区间内，导通的晶闸管为共阴极组的 VT_3 和共阳极组的 VT_2，电流的流向为 b 相→晶闸管 VT_3→电阻负载 R→晶闸管 VT_2→c 相，晶闸管 VT_3 将 b 相电压 u_b 引到电阻负载 R 的上端(即 VT_1、VT_3、VT_5 的共阴极端)，VT_2 将 c 相电压 u_c 引到电阻负载 R 的下端，由此可得电阻负载 R 两端电压 u_d 在该区间内等于 $u_b-u_c=u_{bc}$。此刻 VT_1 管关断，可得 i_{VT1} 取值为 0 A。VT_1 管阳极电压为 a 相电压 u_a，由于晶闸管 VT_3 将 b 相电压 u_b 引到 VT_1、VT_3、VT_5 的共阴极端，可得阴极电压为 u_b，因此 VT_1 管两端电压 u_{VT1} 取值为 $u_a-u_b=u_{ab}$。

在 $240°\sim300°$ 的区间内，导通的晶闸管为共阴极组的 VT_3 和共阳极组的 VT_4，电流的流向为 b 相→晶闸管 VT_3→电阻负载 R→晶闸管 VT_4→a 相，晶闸管 VT_3 将 b 相电压 u_b 引到电阻负载 R 的上端(即 VT_1、VT_3、VT_5 的共阴极端)，VT_4 将 a 相电压 u_a 引到电阻负载 R 的下端，由此可得电阻负载 R 两端电压 u_d 在该区间内等于 $u_b-u_a=u_{ba}$。此刻 VT_1 管关断，可得 i_{VT1} 取值为 0 A。VT_1 管阳极电压为 a 相电压 u_a，由于晶闸管 VT_3 将 b 相电压 u_b 引到 VT_1、VT_3、VT_5 的共阴极端，可得阴极电压为 u_b，因此 VT_1 管两端电压 u_{VT1} 取值为 $u_a-u_b=u_{ab}$。

在 $300°\sim360°$ 的区间内，导通的晶闸管为共阴极组的 VT_5 和共阳极组的 VT_4，电流的流向为 c 相→晶闸管 VT_5→电阻负载 R→晶闸管 VT_4→a 相，晶闸管 VT_5 将 c 相电压 u_c 引到电阻负载 R 的上端(即 VT_1、VT_3、VT_5 的共阴极端)，VT_4 将 a 相电压 u_a 引到电阻负载 R 的下端，由此可得电阻负载 R 两端电压 u_d 在该区间内等于 $u_c-u_a=u_{ca}$。而此刻 VT_1 管关断，可得 i_{VT1} 取值为 0 A。VT_1 管阳极电压为 a 相电压 u_a，由于晶闸管 VT_5 将 c 相电压 u_c 引到 VT_1、VT_3、VT_5 的共阴极端，可得阴极电压为 u_c，因此 VT_1 管两端电压 u_{VT1} 取

值为 $u_a - u_c = u_{ac}$。

　　在 360°～420° 的区间内，导通的晶闸管为共阴极组的 VT$_5$ 和共阳极组的 VT$_6$，电流的流向为 c 相→晶闸管 VT$_5$→电阻负载 R→晶闸管 VT$_6$→b 相，晶闸管 VT$_5$ 将 c 相电压 u_c 引到电阻负载 R 的上端(即 VT$_1$、VT$_3$、VT$_5$ 的共阴极端)，VT$_6$ 将 b 相电压 u_b 引到电阻负载 R 的下端，由此可得电阻负载 R 两端电压 u_d 在该区间内等于 $u_c - u_b = u_{cb}$。此刻 VT$_1$ 管关断，可得 i_{VT1} 取值为 0 A。VT$_1$ 管阳极电压为 a 相电压 u_a，由于晶闸管 VT$_5$ 将 c 相电压 u_c 引到 VT$_1$、VT$_3$、VT$_5$ 的共阴极端，可得阴极电压为 u_c，因此 VT$_1$ 管两端电压 u_{VT1} 取值为 $u_a - u_c = u_{ac}$。

　　根据以上分析，得出三相桥式全控整流电路(带电阻负载)工作情况如表 3.3 所示和输出波形如图 3.12 所示。

表 3.3　三相桥式全控整流电路(带电阻负载)工作情况表

工作区间	共阴极组导通的晶闸管	共阳极组导通的晶闸管	电阻负载两端电压 u_d	流过晶闸管 VT$_1$ 的电流 i_{VT1}	晶闸管 VT$_1$ 两端电压 u_{VT1}
60°～120°	VT$_1$	VT$_6$	u_{ab}	u_d/R	0
120°～180°	VT$_1$	VT$_2$	u_{ac}	u_d/R	0
180°～240°	VT$_3$	VT$_2$	u_{bc}	0	u_{ab}
240°～300°	VT$_3$	VT$_4$	u_{ba}	0	u_{ab}
300°～360°	VT$_5$	VT$_4$	u_{ca}	0	u_{ac}
360°～420°	VT$_5$	VT$_6$	u_{cb}	0	u_{ac}

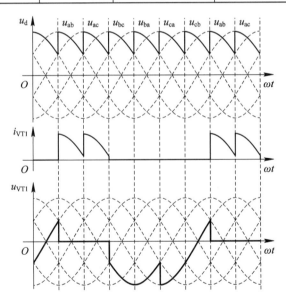

图 3.12　三相桥式全控整流电路(带电阻负载)输出波形图

　　上文分析的是三相桥式全控整流电路(带电阻负载)的工作情况，推导可得，当门极触发脉冲控制角 α 取值为 120° 时，电阻负载两端电压 u_d 波形变为 0。由此可得，三相桥式全控整流电路(带电阻负载)控制角 α 的移相范围是 0°～120°。当控制角 α 取值范围在 0°～60° 时，输出电压 u_d 波形连续；当控制角 α 取值范围在 60°～120° 时，输出电压 u_d 波形断续。因此输出电压 u_d 的计算方式有两种。

(1) 当控制角 α 取值范围在 $0° \sim 60°$ 时：

$$U_{\text{d}} = \frac{1}{\frac{\pi}{3}} \int_{\frac{\pi}{3}+\alpha}^{\frac{2\pi}{3}+\alpha} \sqrt{6}U_2 \sin\omega t\text{d}(\omega t) = 2.34U_2\cos\alpha \tag{3-4}$$

(2) 当控制角 α 取值范围在 $60° \sim 120°$ 时：

$$U_{\text{d}} = \frac{3}{\pi} \int_{\frac{\pi}{3}+\alpha}^{\pi} \sqrt{6}U_2 \sin\omega t\text{d}(\omega t) = 2.34U_2\left[1+\cos\left(\frac{\pi}{3}+\alpha\right)\right] \tag{3-5}$$

【思考题】 试分析当控制角 α 取值为 $60°$ 时，三相桥式全控整流电路(带电阻负载)电阻两端电压 u_{d}、流过晶闸管 VT_1 的电流 i_{VT1}、晶闸管 VT_1 两端电压 u_{VT1} 的波形情况。

3.2.3 三相桥式全控整流电路(带电阻电感负载)

三相桥式全控整流电路(带电阻电感负载)的结构如图 3.13 所示，由变压器、晶闸管、电阻电感负载组成。该电路中由于存在电感 L，起到续流的作用，因此会一定程度上影响晶闸管关断的时刻，对电路的工作情况造成改变。

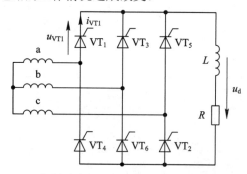

图 3.13　三相桥式全控整流电路(带电阻电感负载)结构图

由 3.2.2 节可得，当控制角的取值小于等于 $60°$ 时，电阻负载两端电压波形 u_{d} 连续，如果此刻将 R 负载替换为 RL 负载，电感 L 不会起到改变 u_{d} 波形的作用。因此当 $\alpha \leq 60°$ 时，三相桥式全控整流电路带 R 负载和 RL 负载的输出电压 u_{d} 的波形一致；当 $\alpha > 60°$ 时，电感 L 起到续流导通的作用，改变 u_{d} 波形，输出电压 u_{d} 波形如图 3.14 所示，出现负半周，图 3.14 为控制角取值为 $90°$ 时的输出负载电压、负载电流波形。

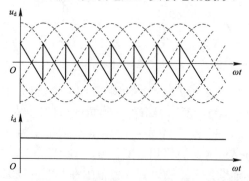

图 3.14　三相桥式全控整流电路(带电阻电感负载)输出波形图

由上述分析推导可得，当控制角 α 的取值为 90° 时，电阻电感负载的电压 u_d 正半周面积等于负半周面积，输出电压平均值为 0。因此，三相桥式全控整流电路(带电阻电感负载)控制角 α 的移相范围是 0° ～90°。

当三相桥式全控整流电路带电阻电感负载时，输出电压 u_d 的波形连续，因此输出电压平均值的计算公式为：

$$U_d = \frac{1}{\frac{\pi}{3}} \int_{\frac{\pi}{3}+\alpha}^{\frac{2\pi}{3}+\alpha} \sqrt{6} U_2 \sin\omega t \, d(\omega t) = 2.34 U_2 \cos\alpha \tag{3-6}$$

习　　题

1. 三相半波不可控整流电路共阴极接法和共阳极接法的区别是什么？

2. 三相半波可控整流电路(带电阻负载)控制角的移相范围是多少？

3. 绘制当三相半波可控整流电路(带电阻负载)控制角为 45° 时，负载两端电压 u_d 的波形图。

4. 绘制当三相半波可控整流电路(带电阻电感负载)控制角为 0° 时，负载两端电压 u_d 的波形图。

5. 三相桥式全控整流电路(带电阻负载)控制角的移相范围是多少？

6. 当三相桥式全控整流电路(带电阻负载)控制角为 0° 时，试绘制负载两端电压 u_d、晶闸管 VT_1 两端电压 u_{VT1} 的波形图。

7. 三相桥式全控整流电路(带电阻电感负载)控制角的移相范围是多少？

第4章　逆 变 电 路

将直流电能转换为交流电能的电路称为逆变电路(即实现 DC→AC)，当交流侧连接有电网时称为有源逆变，当交流侧和负载相连时称为无源逆变，无源逆变又可分为电压型和电流型。

本章主要介绍有源逆变电路和无源逆变电路的结构、工作原理。

4.1　有源逆变电路

逆变电路的交流侧和电网连接时，称为有源逆变电路。整流电路的作用是将交流电转换为直流电(即 AC→DC)，而逆变电路的作用是将直流电转换为交流电(即 DC→AC)，二者的能量转换方向相反。因此，当可控整流电路满足某些特定条件时，可实现能量的反向传输，在不改变电路结构的情况下，即可将整流模式转换为有源逆变模式。

以单相桥式全控电路的工作情况为例，分析如何将整流电路切换为有源逆变电路。如图 4.1 所示为单相桥式全控电路图(带直流电机负载)，下文中将针对不同控制角的取值进行分析。

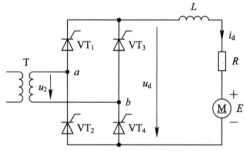

图 4.1　单相桥式全控电路图(带直流电机负载)

1. 整流工作模式

根据第 2 章单相桥式全控整流电路(带 RL 负载)的分析，控制角 α 在 0°～90° 范围内，例如取 $\alpha = 45°$，可得如下结论：

在 0°～45° 的相位区间内，没有晶闸管导通，因此电路中没有电流，输出直流电压 $u_{\rm d}$ 和电流 $i_{\rm d}$ 的取值都为 0。

在 45°～180° 的相位区间内，晶闸管 VT₁ 和 VT₄ 导通，电流的流向为 a 点→VT₁→RL 与直流电机负载→VT₄→b 点，输出直流电压 $u_{\rm d}$ 的取值等于交流侧的电压 u_2，电流流通方向和正方向一致，因此电流 i_d 为正。

在 180°～225° 的相位区间内，由于负载中电感续流，使得晶闸管 VT$_1$ 和 VT$_4$ 持续导通，电路中电流的流向和上一个区间保持一致，为 a 点→VT$_1$→RL 与直流电机负载→VT$_4$→b 点，输出电压 u_d 的取值仍旧等于 u_2，电流流通方向和正方向一致，电流 i_d 为正。

在 225°～360° 的相位区间内，VT$_1$ 和 VT$_4$ 关断，而 VT$_2$ 和 VT$_3$ 导通，电路中电流的流向为 b 点→VT$_3$→RL 与直流电机负载→VT$_2$→a 点，输出直流电压 u_d 的取值等于 $-u_2$，输出电流 i_d 的流通方向和正方向保持一致，因此 $i_d>0$。

在 360°～405° 的相位区间内，由于负载中电感的续流作用，晶闸管 VT$_2$ 和 VT$_3$ 继续保持导通状态，电流的流向仍旧为 b 点→VT$_3$→RL 与直流电机负载→VT$_2$→a 点，输出直流电压 u_d 的取值仍等于 $-u_2$，输出电流 $i_d>0$。

由于电流的流向只有两种方式，即 a 点→VT$_1$→RL 与直流电机负载→VT$_4$→b 点和 b 点→VT$_3$→RL 与直流电机负载→VT$_2$→a 点，无论哪种工作方式，电路中电流 i_d 流向和图中标出的正方向一直保持一致，因此流过电阻电感负载的电流 i_d 一直保持大于 0 的状态，且由于负载中有电感的存在可以起到平波的作用，因此电流为一条正的平直的直线。综上可以得出负载两端电压 u_d 和电流 i_d 的波形图如图 4.2 所示。由于本次分析的是电路从原始停止状态到正常工作状态，因此 0°～45° 的相位区间内没有输出波形，后续电路正常工作后，将不断重复 45°～405° 区间内的波形。

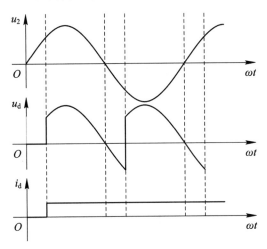

图 4.2 单相桥式全控电路(带直流电机负载)输出波形图($\alpha = 45°$)

此刻，电能从交流侧传输至直流侧，即交流电网通过 4 个晶闸管整流后，输出直流电压 u_d 传至直流电机负载侧使电机运转，是整流工作模式。由图 4.2 可以推广至控制角 α 位于 0°～90° 区间内的任意取值(0°～90° 也是单相桥式全控电路(带电阻电感负载)工作在整流电路模式下的移相取值范围)。

从输出功率的角度来看，可以得出该工作在整流模式下的电路的输出功率 $P_d = u_d i_d$，根据图 4.2 波形可得，输出电压 u_d 正半周的面积大于负半周的面积，因此 $u_d>0$，而电流 i_d 一直为正，因此可得输出功率 P_d 在控制角位于 0°～90° 范围内，一直为正。如想实现电能的反向传输，即切换到有源逆变工作模式，则输出功率 P_d 的取值就需要变为负，如何变为负值呢？下文中将展开详细介绍。

2. 有源逆变工作模式

无论控制角 α 如何变化,由于晶闸管的单向导电性,电路中的电流流向仍旧只可能有两种方式,即 a 点 $\to$ VT$_1$ $\to$ RL 与直流电机负载 $\to$ VT$_4$ $\to$ b 点和 b 点 $\to$ VT$_3$ $\to$ RL 与直流电机负载 $\to$ VT$_2$ $\to$ a 点,如果逆着这个方向流通,则电路中的晶闸管会被击穿,因此无论控制角 α 取值多少,负载中的电流 i_d 方向均与图中标注的正方向一致,电流 i_d 的取值一直为正,假设负载中的电感很大,具有良好的平波作用,可得出流过负载的电流 i_d 的波形为一条正的平直的直线。

假设此刻直流电机工作在再生制动状态,即作为发电机运行,由于电流的方向一直为正,如想实现电能的逆向传输,只有改变电机的输出电压 E 的极性才可实现,如图 4.3 所示,电机的反电动势 E 的极性已经和图 4.1 中相反。

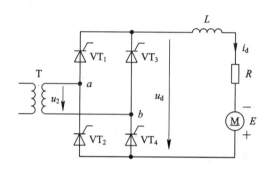

图 4.3　电机极性反向图

而为了实现电机的再生制动,左侧的整流电路必须吸收电机发出的电能反馈给电网,因此整流电路的输出电压 u_d 的极性也必须反向,即输出电压平均值 U_d 取值为负才可吸收电机发出的能量,即图 4.3 中 u_d 上下标注的上负下正(和图中正方向相反)。而通过控制角度 α 位于 $90°\sim180°$ 的区间内,便可使得 U_d 取值为负。此处以 $\alpha=135°$ 为例,进行分析。

在 $0°\sim135°$ 的相位区间内,没有晶闸管导通,因此电路的输出电压 u_d、电流 i_d 的取值均为 0。

在 $135°\sim180°$ 的相位区间内,晶闸管 VT$_1$ 和 VT$_4$ 导通,电流的流向为 a 点 $\to$ VT$_1$ $\to$ RL 与直流电机负载 $\to$ VT$_4$ $\to$ b 点,可得 $i_d>0$, $u_d=u_2$。

在 $180°\sim315°$ 的相位区间内,由于电感起到续流的作用,晶闸管 VT$_1$ 和 VT$_4$ 继续导通,电流的流向为 a 点 $\to$ VT$_1$ $\to$ RL 与直流电机负载 $\to$ VT$_4$ $\to$ b 点,因此可得 $i_d>0$, $u_d=u_2$。

在 $315°\sim360°$ 的相位区间内,晶闸管 VT$_2$ 和 VT$_3$ 导通,电流的流向为 b 点 $\to$ VT$_3$ $\to$ RL 与直流电机负载 $\to$ VT$_2$ $\to$ a 点,因此可得 $i_d>0$, $u_d=-u_2$。

在 $360°\sim495°$ 的相位区间内,由于电感起到续流的作用,晶闸管 VT$_2$ 和 VT$_3$ 继续导通,电流的流向为 b 点 $\to$ VT$_3$ $\to$ RL 与直流电机负载 $\to$ VT$_2$ $\to$ a 点,可得 $i_d>0$, $u_d=-u_2$。

综上可以得出电路的输出电压 u_d 和电流 i_d 的波形图如图 4.4 所示。由于本次分析的是电路从原始停止状态到正常工作状态,因此 $0°\sim135°$ 的相位区间内没有输出波形,后续电路正常工作后,将不断重复 $135°\sim495°$ 区间内的波形。

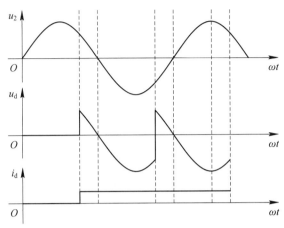

图 4.4 单相桥式全控电路(带直流电机负载)输出波形图($\alpha = 135°$)

由图 4.4 可以得出当 $\alpha = 135°$ 时，单相桥式全控电路输出电压 u_d 正半周的面积小于负半周的面积，因此电压 u_d 取值为负，而电流 i_d 一直为正的取值，因此输出的功率 P_d 为负，此刻电能传输方向和 $0° < \alpha < 90°$ 时相反。此控制方式的关键便是输出电压 u_d 取值为负，推导可得 α 取 $90° \sim 180°$ 范围内的任意值，均可使输出电压 u_d 取值为负，即当 $90° < \alpha < 180°$ 时电能从直流侧传输至交流侧，电路处于有源逆变模式。

总结 $0° < \alpha < 90°$ 和 $90° < \alpha < 180°$ 的两种工作方式，可得实现有源逆变的两个条件：

(1) 电路中要有能提供逆变能量的直流电源，上文中的例子为直流电机工作在再生制动状态作为直流电源，而且该直流电源的电压取值必须大于变流器输出的平均电压 U_d 的值。

(2) 控制角 α 的取值范围要在 $90° \sim 180°$ 内。

4.2 无源逆变电路

图 4.5(a)所示为典型的单相桥式无源逆变电路(带电阻负载)结构，该逆变电路由直流输入侧(直流电压取值为 U_d)、交流输出侧(电阻负载 R)、四个开关器件组成，从图中可以观测到交流输出侧连接的是电阻负载，因此称为无源逆变电路。该电路的功能为将输入的直流电 U_d 转换为负载输出侧的交流电压 u_o，电路具体分析如下：

在 $0 \sim t_1$ 区间中，闭合开关 S_1 和 S_4，断开开关 S_2 和 S_3，此刻电流从直流输入侧 U_d 的阳极出发，流经开关 $S_1 \to$ 电阻负载 $R \to$ 开关 S_4，最终回到直流输入侧 U_d 的阴极。此刻 a 点电压取值为 U_d 的正端电压，b 点电压取值为 U_d 的负端电压，根据图中所标出的正方向，输出电压 u_o 在该区间内取值为 a 点电压减去 b 点，即等于 U_d。而流过电阻负载的电流 i_o 取值等于 U_d/R，即电流 i_o 的波形形状与 u_o 相同，只是幅值有区别。

在 $t_1 \sim t_2$ 区间中，断开开关 S_1 和 S_4，闭合开关 S_2 和 S_3，此刻电路中的电流从直流输入侧 U_d 的阳极出发，流过开关 $S_3 \to$ 电阻负载 $\to$ 开关 S_2，再返回直流输入侧 U_d 的阴极。此刻 a 点电压取值为 U_d 的负端电压，b 点电压取值为 U_d 的正端电压，根据图中的正方向，输出电压 u_o 在 $t_1 \sim t_2$ 区间中取值为 a 点电压减去 b 点，即 $-U_d$。流过电阻负载的电流方向和正方向相反,取值为 $-U_d/R$。最终负载侧电压 u_o 和电流 i_o 波形如图 4.5(b)所示,是一个有规律性正负方向变化的交流电,表示该电路成功将直流输入电 U_d 转换为交流电 u_o,实现了逆变。

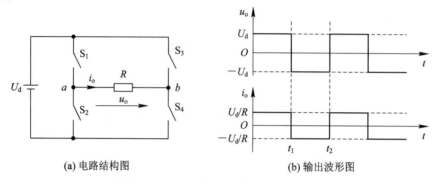

(a) 电路结构图   (b) 输出波形图

图 4.5 单相桥式无源逆变电路(带电阻负载)

图 4.6(a)所示为替换负载后的单相桥式无源逆变电路,该逆变电路由直流输入侧 U_d、交流输出侧(电阻电感负载)、四个开关 $S_1 \sim S_4$ 组成。电路的工作方式和上文中仅带电阻负载有一定的区别,分析如下:

在 $0 \sim t_1$ 区间中,闭合开关 S_1、S_4,而开关 S_2、S_3 保持断开,电流的流向为直流输入侧 U_d 的阳极→开关 S_1→电阻电感负载 RL→开关 S_4→直流输入侧 U_d 的阴极,负载 RL 上电流流向为从 a 点流向 b 点,a 点电压取值等于直流输入侧 U_d 的阳极电压,b 点电压取值等于直流输入侧 U_d 的阴极电压,根据图中标注的正方向,可得输出电压 u_o 的取值为 U_d,由于存在电感,输出电流 i_o 无法迅速跳变,因此从 0 A 开始慢慢增大。

在 $t_1 \sim t_2$ 区间中,断开开关 S_1、S_4,闭合开关 S_2、S_3,由于存在电感储能,因此此刻电路的负载 RL 中仍旧保留有从 a 点流向 b 点的电流,电路中电流方向为电阻电感负载 RL→开关 S_3→直流输入侧 U_d 的阳极→直流输入侧 U_d 的阴极→开关 S_2,即此刻为电阻电感负载 RL 向直流输入侧 U_d 反向充电,电阻电感负载 RL 处于发出电能的放电状态,因此流过电阻电感负载的电流 i_o 慢慢下降,直至降低为 0 A。而在该区间内,a 点电压取值等于直流输入侧 U_d 的阴极电压,b 点电压取值为直流输入侧 U_d 的阳极电压,根据正方向,电阻电感负载两端电压等于 a 点电压减去 b 点电压,即 $-U_d$。

在 $t_2 \sim t_3$ 区间中,继续保持断开开关 S_1、S_4,闭合开关 S_2、S_3 的状态,此刻由于电感中的电能在上一个区间全部被放完,因此在本区间中电感中无储能,电流的流向切换为直流输入侧 U_d 的阳极→开关 S_3→电阻电感负载 RL→开关 S_2→直流输入侧 U_d 的阴极,流过电阻电感负载的电流 i_o 方向与正方向相反(从 b 点流向 a 点),因此取值为负,而且此刻为直流输入侧 U_d 向电阻电感负载 RL 传输电能,因此流过电阻电感负载的电流 i_o 在负半周从 0 A 开始慢慢增大。在该区间内,a 点电压取值等于直流输入侧 U_d 的阴极电压,b 点电压取值为直流输入侧 U_d 的阳极电压,根据正方向,电阻电感负载两端电压等于 a 点电压减去 b 点电压,即 $-U_d$。

在 $t_3 \sim t_4$ 区间中,断开开关 S_2、S_3,闭合开关 S_1、S_4,由于在上一个区间中电阻电感负载储存了能量,因此电感会维持一个从 b 点流向 a 点的电流(和正方向相反,因此数值为负,位于负半周),在本区间中电流的流向为电阻电感负载 RL→开关 S_1→直流输入侧 U_d

的阳极→直流输入侧 U_d 的阴极→开关 S_4，此时电阻电感负载 RL 在向直流输入侧 U_d 反向充电，因此 RL 中的电流在负半周慢慢降低直至 0 A。在该区间中，a 点电压取值为直流输入侧 U_d 的阳极电压，b 点电压取值为直流输入侧 U_d 的阴极电压，根据正方向，电阻电感负载两端电压等于 a 点电压减去 b 点电压，即 U_d。最终负载侧电压 u_o 和电流 i_o 波形如图 4.6(b)所示。

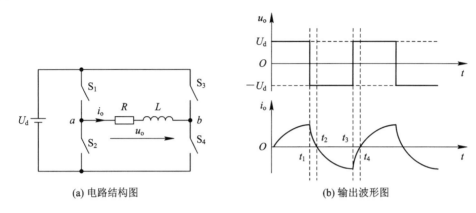

(a) 电路结构图　　　　　　　　　　　　(b) 输出波形图

图 4.6　单相桥式无源逆变电路(带电阻电感负载)

下文中将会把理想开关替换为电力电子元器件来进行分析，分析思路与使用理想开关情况类似，但是电路结构、电路工作状况会有一定程度的区别。无源逆变电路又可以分为电压型和电流型。

电压型逆变电路主要有 3 个特点：(1) 直流侧为电压源，或并联有大电容，相当于电压源。直流侧电压基本无脉动，直流回路呈现低阻抗。(2) 由于直流电压源的钳位作用，交流侧输出电压波形为矩形波，并且与负载阻抗角无关。而交流侧输出电流波形和相位因负载阻抗情况的不同而不同。(3) 当交流侧为电阻电感负载时需要提供无功功率，直流侧电容起缓冲无功能量的作用。为了给交流侧向直流侧反馈的无功能量提供通道，逆变桥各臂都并联了反馈二极管。

电流型逆变电路主要有 3 个特点：(1) 直流侧串联有大电感，相当于电流源。直流侧电流基本无脉动，直流回路呈现高阻抗。(2) 电路中开关器件的作用仅是改变直流电流的流通路径，因此交流侧输出的电流为矩形波，并且与负载的阻抗角无关。而交流侧输出电压波形和相位则因负载阻抗情况的不同而不同。(3) 当交流侧为电阻电感负载时需要提供无功功率，直流侧电感起缓冲无功能量的作用。因为反馈无功能量时直流电流并不反向，因此不必像电压型逆变电路那样要给开关器件反并联二极管。

本节主要分析电压型逆变电路，下文对电压型单相半桥逆变电路、电压型单相全桥逆变电路以及电压型单相全桥逆变电路移相调压工作模式进行分析。

4.2.1　电压型单相半桥逆变电路

图 4.7 所示为电压型单相半桥逆变电路，属于无源逆变电路，电路由 2 个参数一致的电容、2 个绝缘栅双极型晶体管 V_1 和 V_2、2 个二极管 VD_1 和 VD_2、电阻电感负载 RL 组成，该电路的作用是将输入侧的直流电 U_d 转换为输出负载 RL 侧的交流电。

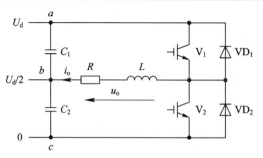

图 4.7 电压型单相半桥逆变电路

在正式分析电路前，需要注意以下几点：由于两个电容的参数一致，因此两个电容的连接点 b 点便是输入侧直流电源 U_d 的中点，可以推出 a 点电压为 U_d，b 点电压为 $U_d/2$，c 点电压为 0 V，标出这几个点的电压便于后续判断电阻电感负载 RL 侧的输出电压。在电路正常工作时，绝缘栅双极型晶体管 V_1 和 V_2 不能同时施加导通信号，否则 V_1 和 V_2 同时导通，会导致输入侧直流电源 U_d 短路，因此 V_1、V_2 的导通信号必须是互补的。同时，为了方便判断电阻电感负载 RL 侧输出电压的正负情况，规定负载 RL 侧电压、电流的正方向均为从右侧流向左侧。

将电路分为 4 个区间来分析，分别是 $t_1 \sim t_2$ 区间、$t_2 \sim t_3$ 区间、$t_3 \sim t_4$ 区间、$t_4 \sim t_5$ 区间，在这几个区间内通过控制绝缘栅双极型晶体管 V_1 和 V_2 的通断，将输入侧的直流电压 U_d 转换为输出负载侧的交流电压 u_o。

在 $t_1 \sim t_2$ 区间内，给绝缘栅双极型晶体管 V_1 的栅极 G 一个导通信号，让 V_1 管导通，电流的流向为：直流电压源 a 点→绝缘栅双极型晶体管 V_1→电阻电感负载 RL→直流电压源 b 点。根据电阻电感负载 RL 两端电压的正方向(电压、电流的正方向均为从右侧流向左侧)可以推得，RL 两端电压取值等于 a 点电压减去 b 点电压，因此 $u_o = U_d - U_d/2 = U_d/2$；根据正方向可得当前区间流过 RL 负载的电流取值为正，电感在吸收能量，电流处于慢慢上升的阶段。

在 $t_2 \sim t_3$ 区间内，给绝缘栅双极型晶体管 V_1 的栅极 G 一个关断信号，让 V_1 管关断，此刻电感 L 中储存有一定的能量，通过二极管 VD_2 进行续流，电流的流向为：电阻电感负载 RL→直流电压源 b 点→下侧电容→直流电压源 c 点→二极管 VD_2→电阻电感负载 RL，形成一个回路。此刻流过 RL 负载的电流方向与 $t_1 \sim t_2$ 区间一致，取值仍为正，此刻电感 L 在释放能量，将能量回馈给下侧的电容，因此流过 RL 负载的电流处于慢慢下降的状态；根据规定的 RL 电压的正方向(从右侧向左侧)，可得 RL 两端电压取值等于 c 点电压减去 b 点电压，因此 $u_o = 0 - U_d/2 = -U_d/2$。该电路工作状态一直持续到电感中电流下降至 0 A。

在 $t_3 \sim t_4$ 区间内，给绝缘栅双极型晶体管 V_2 的栅极 G 一个导通信号，让 V_2 管导通，电流的流向为：直流电压源 b 点→电阻电感负载 RL→绝缘栅双极型晶体管 V_2→直流电压源 c 点。此刻流过 RL 负载的电流方向与规定的正方向相反，因此在该区间内输出电流 i_o 为负，此刻电感 L 在吸收能量，因此电流 i_o 处于慢慢增大的阶段，注意是在负半周慢慢增大；根据规定的 RL 电压的正方向(从右侧向左侧)，可得 RL 两端电压取值 $u_o = 0 - U_d/2 = -U_d/2$。

在 $t_4 \sim t_5$ 区间内，给绝缘栅双极型晶体管 V_2 的栅极 G 一个关断信号，让 V_2 管关断，

此刻电感 L 中储存有一定的能量，通过二极管 VD_1 进行续流，电流的流向为：电阻电感负载 RL →二极管 VD_1 →直流电压源 a 点→上侧电容→直流电压源 b 点。此刻流过 RL 负载的电流方向与规定的正方向相反，因此在该区间内输出电流 i_o 为负，此刻电感 L 在释放能量，将能量回馈给上侧的电容，因此流过 RL 负载的电流处于慢慢下降的状态，注意是在负半周慢慢下降；根据电阻电感负载 RL 两端电压的正方向(从右侧向左侧)可以推得，RL 两端电压取值等于 a 点电压减去 b 点电压，因此 $u_o = U_d - U_d/2 = U_d/2$。

以上电压型单相半桥逆变电路的工作情况分析可总结至表 4.1 中。

表 4.1 电压型单相半桥逆变电路工作情况表

工作区间	导通管子	电感 L 充/放电情况	负载 RL 侧的电流 i_o	负载 RL 侧的电压 u_o
$t_1 \sim t_2$	V_1	充电	取值为正、慢慢上升	$U_d/2$
$t_2 \sim t_3$	VD_2	放电	取值为正、慢慢下降	$-U_d/2$
$t_3 \sim t_4$	V_2	充电	取值为负、慢慢上升	$-U_d/2$
$t_4 \sim t_5$	VD_1	放电	取值为负、慢慢下降	$U_d/2$

图 4.8 所示是电压型单相半桥逆变电路稳定工作后的波形图，可见 $t_1 \sim t_2$ 区间、$t_2 \sim t_3$ 区间、$t_3 \sim t_4$ 区间、$t_4 \sim t_5$ 区间中，输出负载 RL 侧的交流电压 u_o 和电流 i_o 的波形。

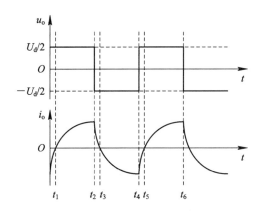

图 4.8 电压型单相半桥逆变电路输出波形图

半桥逆变电路的优点是使用的器件少，只需要使用 2 个绝缘栅双极型晶体管 V_1、V_2 以及 2 个二极管 VD_1、VD_2，但在电路工作时需要保持 2 个电容器电压均衡，同时电阻电感负载 RL 两端电压 u_o 的幅值仅为 $U_d/2$，输入直流电源电压利用率偏低，适用于小功率逆变器。

4.2.2 电压型单相全桥逆变电路

电压型单相全桥逆变电路的结构如图 4.9 所示，属于无源逆变，电路由电容 C、4 个绝缘栅双极型晶体管 $V_1 \sim V_4$、4 个二极管 $VD_1 \sim VD_4$、电阻电感负载 RL 组成，该电路的作用是将输入侧的直流电 U_d 转换为输出负载 RL 侧的交流电。

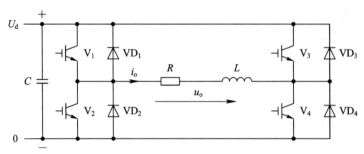

图 4.9　电压型单相全桥逆变电路结构图

在该电路中，绝缘栅双极型晶体管 V_1、V_4 组成一个桥臂，V_2、V_3 组成另外一个桥臂，V_1 和 V_2 不能同时导通，否则会造成输入侧直流电压源短路，同理 V_3 和 V_4 也不能同时导通。为便于判断输出电阻电感负载 RL 侧电压的正负情况，本电路中规定负载 RL 侧电压、电流的正方向均为从左侧向右侧。

将电路分为 $t_1 \sim t_2$ 区间、$t_2 \sim t_3$ 区间、$t_3 \sim t_4$ 区间、$t_4 \sim t_5$ 区间来进行分析，在这几个区间内通过控制绝缘栅双极型晶体管 V_1、V_2、V_3、V_4 的通断，将输入侧的直流电压 U_d 转换为输出负载侧的交流电压 u_o。

在 $t_1 \sim t_2$ 区间内，给绝缘栅双极型晶体管 V_1、V_4 的栅极 G 一个导通信号，让 V_1、V_4 管导通，电流的流向为：直流电压源正端→绝缘栅双极型晶体管 V_1→电阻电感负载 RL→绝缘栅双极型晶体管 V_4→直流电压源负端。根据电阻电感负载 RL 两端电压的正方向(电压、电流的正方向均为从左侧向右侧)可以推得，RL 两端电压取值等于直流电压源的正端电压减去负端电压，因此 $u_o = U_d - 0 = U_d$；根据正方向可得当前区间流过 RL 负载的电流取值为正，电感在吸收能量，电流处于慢慢上升的阶段。

在 $t_2 \sim t_3$ 区间内，给绝缘栅双极型晶体管 V_1、V_4 的栅极 G 一个关断信号，让 V_1、V_4 管关断，此刻电感 L 中储存有一定的能量，通过二极管 VD_2、VD_3 进行续流，电流的流向为：电阻电感负载 RL→二极管 VD_3→直流电压源→二极管 VD_2→电阻电感负载 RL，形成一个回路。此时流过 RL 负载的电流方向与 $t_1 \sim t_2$ 区间一致，取值仍为正，此刻电感 L 在释放能量，将能量回馈给直流电压源，流过 RL 负载的电流处于下降的状态；根据规定的 RL 电压的正方向(从左侧向右侧)，可得 RL 两端电压取值等于直流电压源的负端电压减去正端电压，因此 $u_o = 0 - U_d = -U_d$。该电路工作状态一直持续到电感中电流下降至 0 A。

在 $t_3 \sim t_4$ 区间内，给绝缘栅双极型晶体管 V_2、V_3 的栅极 G 一个导通信号，让 V_2、V_3 管导通，电流的流向为：直流电压源正端→绝缘栅双极型晶体管 V_3→电阻电感负载 RL→绝缘栅双极型晶体管 V_2→直流电压源负端。此时流过 RL 负载的电流方向与规定的正方向相反，因此在该区间内输出电流 i_o 为负，电感 L 吸收能量，因此电流 i_o 处于增大的阶段；在该区间内，根据规定的电压正方向(从左侧向右侧)，RL 负载两端电压的数值为直流电压源的负端电压减去正端电压，因此输出电压 u_o 的取值为 $-U_d$。

在 $t_4 \sim t_5$ 区间内，给绝缘栅双极型晶体管 V_2、V_3 的栅极 G 一个关断信号，让 V_2、V_3 管关断，此刻电感 L 中储存有一定的能量，通过二极管 VD_1、VD_4 进行续流，电流的流向为：电阻电感负载 RL→二极管 VD_1→直流电压源→二极管 VD_4→电阻电感负载 RL，形成一个回路。此时流过 RL 负载的电流方向与规定的正方向相反，因此在该区间内输出电流 i_o 为负，此刻电感 L 在释放能量，将能量回馈给直流电压源，因此流过 RL 负载的电流处于下降的阶段；根据电阻电感负载 RL 两端电压的正方向(从左侧向右侧)可以推得，RL 两端电压取值等于直流电压源的正端电压减去负端电压，因此 $u_o = U_d - 0 = U_d$。

以上电压型单相全桥逆变电路的工作情况分析可总结至表 4.2 中。

表 4.2　电压型单相全桥逆变电路工作情况表

工作区间	导通管子	电感 L 充/放电情况	负载 RL 侧的电流 i_o	负载 RL 侧的电压 u_o
$t_1 \sim t_2$	V_1、V_4	充电	取值为正、慢慢上升	U_d
$t_2 \sim t_3$	VD_2、VD_3	放电	取值为正、慢慢下降	$-U_d$
$t_3 \sim t_4$	V_2、V_3	充电	取值为负、慢慢上升	$-U_d$
$t_4 \sim t_5$	VD_1、VD_4	放电	取值为负、慢慢下降	U_d

图 4.10 所示是电压型单相全桥逆变电路稳定工作后的波形图，可见 $t_1 \sim t_2$ 区间、$t_2 \sim t_3$ 区间、$t_3 \sim t_4$ 区间、$t_4 \sim t_5$ 区间中，输出负载 RL 侧的交流电压 u_o 和电流 i_o 的波形。

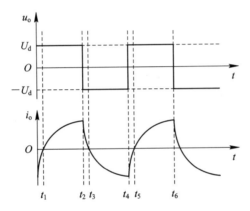

图 4.10　电压型单相全桥逆变电路输出波形图

4.2.3　电压型单相全桥逆变电路移相调压

电压型单相全桥逆变电路移相调压电路的结构如图 4.11 所示，属于无源逆变，该电路和电压型单相全桥逆变电路一致，但在控制 4 个绝缘栅双极型晶体管通断的时间上有所区别，该电路的作用是将输入侧的直流电 U_d 转换为输出负载 RL 侧的交流电 u_o，且能够通过移相调压方式调节该输出交流电压 u_o 的取值。

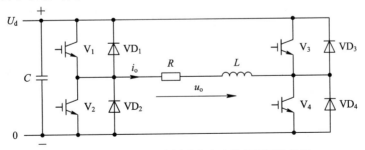

图 4.11　电压型单相全桥逆变电路移相调压结构图

在 4.2.2 节电压型单相全桥逆变电路中 V_1 和 V_4 同开同关，V_2 和 V_3 同开同关，但在本节使用移相调压的电路中，V_1 和 V_4 的导通时刻有一定的相位差，V_2 和 V_3 的导通时刻也有一定的相位差，且为保证输出电压、电流波形规律，这两组管的相位差相等。需要注意的是，在设置相位差的时候，V_1 和 V_2 不能同时导通，V_3 和 V_4 也不能同时导通，否则会造成直流输入侧 U_d 短路。为便于判断输出电阻电感负载 RL 侧电压的正负情况，本电路中规定负载 RL 侧电压、电流的正方向均为从左侧向右侧。

将电路分为 $t_0 \sim t_1$ 区间、$t_1 \sim t_2$ 区间、$t_2 \sim t_3$ 区间、$t_3 \sim t_4$ 区间、$t_4 \sim t_5$ 区间、$t_5 \sim t_6$ 区间来进行分析，在这几个区间内通过控制绝缘栅双极型晶体管 V_1、V_2、V_3、V_4 的通断，通过移相调压方式调节该输出交流电压 u_o 的取值。

在 $t_0 \sim t_1$ 区间内，给绝缘栅双极型晶体管 V_1、V_4 一个导通信号，让 V_1、V_4 管导通，电流的流向为直流电压源正端→绝缘栅双极型晶体管 V_1→电阻电感负载 RL→绝缘栅双极型晶体管 V_4→直流电压源负端。电阻电感负载 RL 两端电压取值等于直流电压源正端电压减负端电压，即 $u_o = U_d - 0 = U_d$；根据电流的正方向可得，流过 RL 负载的电流取值为正，电感处于吸收能量的阶段，电流 i_o 慢慢上升。

在 $t_1 \sim t_2$ 区间内，给绝缘栅双极型晶体管 V_1、V_3 一个导通信号，但给 V_2、V_4 一个关断信号，即该区间内，理想情况下 V_1、V_3 管导通而 V_2、V_4 管关断，由于电感 L 中储存有一定的能量，因此电路会在电感的作用下保持前一个区间的电流，不会突变到 0 A，电感 L 通过绝缘栅双极型晶体管 V_1 和二极管 VD_3 续流(注意如通过 V_1、V_3 续流则会击穿 V_3 管)，电流的流向为：电阻电感负载 RL→二极管 VD_3→绝缘栅双极型晶体管 V_1→电阻电感负载 RL，形成一个回路。此刻电阻电感负载 RL 两端电压 u_o 取值等于 0 V；根据电流的正方向可得，流过 RL 负载的电流取值为正，电感处于发出能量的阶段，电流 i_o 慢慢下降。

在 $t_2 \sim t_3$ 区间内，将绝缘栅双极型晶体管 V_1、V_4 都关断，给 V_2、V_3 管一个导通信号，但如果此刻电感 L 中的能量没有完全被释放完(即流过电感 L 的电流 i_o 还未下降到 0 A)，电流无法流过 V_2、V_3 管，否则会将这两个管击穿，因此要通过二极管 VD_2、VD_3 续流，电流的流向为：电阻电感负载 RL→二极管 VD_3→直流电压源→二极管 VD_2→电阻电感负载 RL。根据 RL 负载规定的电压正方向(从左侧向右侧)，可得电阻电感负载 RL 两端电压 u_o 取值等于直流电压源负端电压减去正端电压，即 $u_o = 0 - U_d = -U_d$；根据电流的正方向可得，流过 RL 负载的电流取值为正，电感处于发出能量的阶段，将能量回馈给直流电压源，电流 i_o 慢慢下降。该工作状态持续到流过电感 L 的电流 i_o 下降到 0 A 的时刻。

在 $t_3 \sim t_4$ 区间内，当流过电感 L 的电流 i_o 下降到 0 A 时，给绝缘栅双极型晶体管 V_2、V_3 一个导通信号，此刻 V_2、V_3 管导通，电流的流向为：直流电压源正端→绝缘栅双极型晶体管 V_3→电阻电感负载 RL→绝缘栅双极型晶体管 V_2→直流电压源负端。电阻电感负载 RL 两端电压 u_o 的数值为直流电压源的负端电压减去正端电压，即 $u_o = -U_d$；根据电流的正方向可得，流过 RL 负载的电流取值为负，电感 L 处于吸收能量的阶段，电流 i_o 慢慢上升。

在 $t_4 \sim t_5$ 区间内，给绝缘栅双极型晶体管 V_2 和 V_4 一个导通信号，给 V_1 和 V_3 关断信号，即该区间内，理想情况下，V_2 和 V_4 管导通而 V_1 和 V_3 管关断，由于电感 L 中储存有一定的能量，因此电路会在电感的作用下保持前一个区间的电流，不会突变到 0 A，电感 L 通过绝缘栅双极型晶体管 V_2 和二极管 VD_4 续流(需注意无法通过绝缘栅双极型晶体管 V_2 和 V_4 续流，否则会击穿 V_4 管)，电流的流向为：电阻电感负载 RL→绝缘栅双极型晶体管 V_2→二极管 VD_4→电阻电感负载 RL，形成一个回路。此刻电阻电感负载 RL 两端电压 u_o 取值等于 0 V；根据电流的正方向可得，流过 RL 负载的电流取值为负，电感处于发出能量的阶段，电流 i_o 慢慢下降。

在 $t_5 \sim t_6$ 区间内，将绝缘栅双极型晶体管 V_2、V_3 都关断，给 V_1、V_4 管一个导通信号，但如果此刻电感 L 中的能量没有完全被释放完(即流过电感 L 的电流 i_o 还未下降到 0 A)，电流无法流过 V_1、V_4 管，否则会将这两个管击穿，因此要通过二极管 VD_1、VD_4 续流，电流的流向为：电阻电感负载 $RL \rightarrow$ 二极管 $VD_1 \rightarrow$ 直流电压源 $\rightarrow$ 二极管 $VD_4 \rightarrow$ 电阻电感负载 RL。电阻电感负载 RL 两端电压 u_o 取值等于直流电压源正端电压减去负端电压，即 $u_o = U_d - 0 = U_d$；根据电流的正方向可得，流过 RL 负载的电流取值为负，电感处于发出能量的阶段，将能量回馈给直流电压源，电流 i_o 慢慢下降。该工作状态持续到流过电感 L 的电流 i_o 下降到 0 A 的时刻。

以上电压型单相全桥逆变电路移相调压的工作情况分析可总结至表 4.3 中。

表 4.3　电压型单相全桥逆变电路移相调压工作情况表

工作区间	导通管子	电感 L 充/放电情况	负载 RL 侧的电流 i_o	负载 RL 侧的电压 u_o
$t_0 \sim t_1$	V_1、V_4	充电	取值为正、慢慢上升	U_d
$t_1 \sim t_2$	V_1、VD_3	放电	取值为正、慢慢下降	0
$t_2 \sim t_3$	VD_2、VD_3	放电	取值为正、慢慢下降	$-U_d$
$t_3 \sim t_4$	V_2、V_3	充电	取值为负、慢慢上升	$-U_d$
$t_4 \sim t_5$	V_2、VD_4	放电	取值为负、慢慢下降	0
$t_5 \sim t_6$	VD_1、VD_4	放电	取值为负、慢慢下降	U_d

由以上分析可得，在 $t_0 \sim t_1$ 区间、$t_1 \sim t_2$ 区间、$t_2 \sim t_3$ 区间、$t_3 \sim t_4$ 区间、$t_4 \sim t_5$ 区间、$t_5 \sim t_6$ 区间中负载 RL 侧的电压 u_o、电流 i_o 的波形如图 4.12 所示。

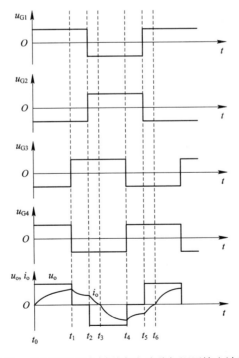

图 4.12　电压型单相全桥逆变电路移相调压输出波形图

习　题

1. 有源逆变的定义是什么？无源逆变的定义是什么？
2. 实现有源逆变工作模式的条件是什么？
3. 电压型逆变电路和电流型逆变电路的主要区别是什么？
4. 试分析一个周期内电压型单相半桥逆变电路(带电阻电感负载)，负载两端电压和流过负载电流的波形图。
5. 单相全桥逆变电路采用移相控制方式的作用是什么？

第 5 章 直流—直流变流电路

直流—直流变流电路的作用是将输入的直流电能进行变化，输出为另一固定或者可调电压的直流电，即实现 DC→DC 转换。本章主要介绍直接—直流变流电路(即斩波电路)，主要电路有降压斩波电路(buck chopper)、升压斩波电路(boost chopper)、升降压斩波电路(boost-buck chopper)、Cuk 斩波电路、Zeta 斩波电路、Sepic 斩波电路等。同时，几个降压斩波电路可以组成多相多重斩波电路。

5.1 降压斩波电路

降压斩波电路的结构如图 5.1 所示，该电路由输入侧直流电压源 E、全控型器件绝缘栅双极型晶体管 V、续流二极管 VD、电阻电感负载 RL 组成。

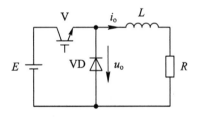

图 5.1 降压斩波电路图

控制该电路导通的关键器件为绝缘栅双极型晶体管，将该器件看作理想元器件，即关断的时候器件阻值为无穷大，导通的时候器件阻值为 0 Ω，将绝缘栅双极型晶体管导通的区间标注为 t_{on}，关断的区间标注为 t_{off}，一个周期看作 $T = t_{on} + t_{off}$。

在第一个周期内，当绝缘栅双极型晶体管导通时，二极管 VD 承受反向电压处于关断状态，电路中电流的流向为输入侧直流电压源 E 的正极→绝缘栅双极型晶体管→电阻电感负载 RL→输入侧直流电压源的负极，电阻电感负载 RL 两端的电压等于输入侧直流电压源的电压，即 $u_o = E$。当绝缘栅双极型晶体管关断时，电阻电感负载中的电感发出能量，起到阻止电流突变的作用，电流流通方向为电阻电感负载 RL→二极管 VD→电阻电感负载 RL，即二极管 VD 起到续流的作用，此刻电阻电感负载 RL 两端的电压 $u_o = 0$ V。

根据上述分析，可以得出降压斩波电路的输出电压波形如图 5.2 所示。

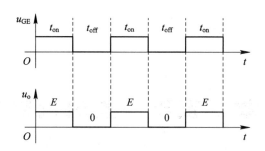

图 5.2　降压斩波电路输出电压 u_o 波形图

根据波形图可计算得出输出电压 u_o 的平均值为

$$U_o = \frac{t_{on}}{t_{on}+t_{off}}E = \frac{t_{on}}{T}E = \alpha E \tag{5-1}$$

其中，α 为占空比，$\alpha = t_{on}/T$。

5.2　升压斩波电路

升压斩波电路的结构如图 5.3 所示，该电路由输入侧直流电压源 E、电感 L、全控型器件绝缘栅双极型晶体管 V、二极管 VD、电容 C、电阻 R 组成。

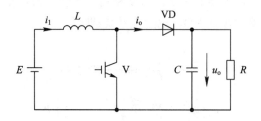

图 5.3　升压斩波电路图

将绝缘栅双极型晶体管导通的区间标注为 t_{on}，关断的区间标注为 t_{off}，一个周期看作 $T = t_{on} + t_{off}$。由于本电路的波形是周期性变化的，故只需对其一个周期的状态进行分析，且电感 L、电容 C 的取值很大。

当绝缘栅双极型晶体管处于导通状态时，电流有两路，第一路电流流向为输入侧直流电压源 E 正极→电感 L→绝缘栅双极型晶体管→输入侧直流电压源 E 负极，电压源 E 向电感 L 充电，由于电感取值较大，可以将流过电感 L 的电流看作基本无波动的恒定取值 I_1，在该区间内电感 L 吸收的电能为 $P_1 = EI_1 t_{on}$。第二路电流流向为电容 C→电阻 R 的回路，由于电容 C 取值较大，可将负载输出电压看作恒定值 U_o。当绝缘栅双极型晶体管处于关断状态时，电流的流向为输入侧直流电压源 E 正极→电感 L→二极管 VD→电容 C、电阻 R→输入侧直流电压源 E 负极，此刻输入侧直流电压源 E 和电感 L 发出能量，由于电感 L 取值较大，电路中的电流仍可取为先前的电流值 I_1，在该区间内电感 L 所放出的能量 $P_2 = (U_o - E)I_1 t_{off}$，由于电容 C 取值较大，负载输出电压仍为恒定值 U_o。

根据上述分析，可以得出升压斩波电路的输出电压波形如图 5.4 所示。

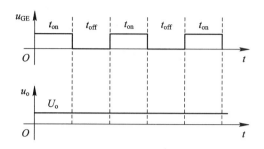

图 5.4　升压斩波电路输出电压 u_o 波形图

根据一个周期内电感 L 吸收和放出的能量相等的原理($P_1 = P_2$)，可计算得出输出电压 u_o 的平均值为

$$U_o = \frac{T}{t_{off}} E \tag{5-2}$$

5.3　升降压斩波电路

升降压斩波电路的功能是，在满足某一条件下可以实现升压功能，在满足另一条件下可以实现降压功能，具体条件将在下文中进行介绍。升降压斩波电路由以下几个部分组成：输入侧直流电压源 E、全控型器件绝缘栅双极型晶体管 V、电感 L、二极管 VD、电容 C、电阻 R。电路结构如图 5.5 所示，图中电阻电容 RC 储存的电压方向为上负下正(即负载电压和电源电压的方向相反)，该电路又称为反极性斩波电路。

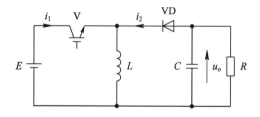

图 5.5　升降压斩波电路图

在分析该电路的工作原理时，将绝缘栅双极型晶体管导通的区间标注为 t_{on}，关断的区间标注为 t_{off}，一个周期为两者之和。由于本电路的波形是周期性变化的，故只需分析一个周期的工作状态，且电感 L、电容 C 的取值很大。本次电路观测图 5.5 中标注的 i_1 和 i_2 的波形情况。

当绝缘栅双极型晶体管导通时，即在 t_{on} 的区间内，电路中的电流流向为：输入侧直流电压源 E 正极→绝缘栅双极型晶体管→电感 L→输入侧直流电压源 E 负极。此刻电感 L 正在吸收能量，假定 L 的取值较大，此刻电路中的电流 i_1 可以看为一个恒定的数值，假定为 I，在波形图中即可在 t_{on} 的区间内将 i_1 波形画为一条直线，而此刻 i_2 的取值为 0 A。

当绝缘栅双极型晶体管关断时，即在 t_{off} 的区间内，电路中的电流流向为：电感 L→电

容 C、电阻 R→二极管 VD→电感 L。根据该通路可得到此刻 i_1 的取值为 0 A，而由于电感取值较大，阻止电流突变，因此电路中的电流可看成和刚才的电流一致，取值为 I，因此在波形图中可在 t_{off} 的区间内将 i_1 画为 0 A，i_2 画为取值等于 I 的一条直线。

根据上述分析，可得升降压斩波电路的输出电流波形如图 5.6 所示。

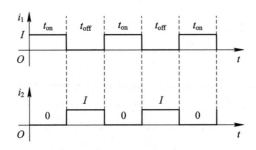

图 5.6　升降压斩波电路输出波形图

根据稳态时电感 L 在一个周期内两端电压对时间的积分为 0，推导可得升降压斩波电路的输出电压公式为

$$U_o = \frac{\alpha}{1-\alpha} E \tag{5-3}$$

其中，占空比 $\alpha = t_{on}/T$，当 α 的取值在 0～0.5 时，可计算得出 $U_o < E$，此刻电路实现降压功能；当 α 的取值在 0.5～1 时，可计算得出 $U_o > E$，此刻电路实现升压功能。所以该电路被称为升降压斩波电路，只需要调整占空比 α 的取值，便可选择实现升压或者降压的功能。

5.4　Cuk 斩波电路

Cuk 斩波电路的结构如图 5.7 所示，由以下几个部分组成：输入侧直流电压源 E、全控型器件绝缘栅双极型晶体管 V、电感 L_1 和 L_2、二极管 VD、电容 C、电阻负载 R。电容储存能量的电压方向为左正右负。

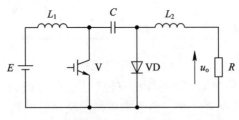

图 5.7　Cuk 斩波电路图

当绝缘栅双极型晶体管处于导通状态时，电流的流向有两条通路，分别为：输入侧直流电压源 E 正极→电感 L_1→绝缘栅双极型晶体管 V→输入侧直流电压源 E 负极；电容 C→绝缘栅双极型晶体管 V→电阻 R→电感 L_2。

当绝缘栅双极型晶体管处于关断状态时，电流也有两条通路，分别为：输入侧直流电压源 E 正极→电感 L_1→电容 C→二极管 VD→输入侧直流电压源 E 负极；电感 L_2→二极管 VD→电阻 R。

根据稳态时电容 C 的电流在一周期内平均值为 0，推导可得 Cuk 斩波电路的输出电压公式为

$$U_\mathrm{o} = \frac{\alpha}{1-\alpha} E \tag{5-4}$$

5.5　Zeta 斩波电路

Zeta 斩波电路的结构如图 5.8 所示，该电路由输入侧直流电压源 E、全控型器件绝缘栅双极型晶体管 V、2 个电感 L_1 和 L_2、二极管 VD、2 个电容 C_1 和 C_2、电阻负载 R 组成。

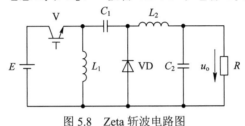

图 5.8　Zeta 斩波电路图

当绝缘栅双极型晶体管处于导通状态时，电流有两个通路，分别为：输入侧直流电压源 E 经过绝缘栅双极型晶体管向电感 L_1 供电；输入侧直流电压源 E、电容 C_1 经过电感 L_2 向电容 C_2 和电阻负载 R 供电。

当绝缘栅双极型晶体管处于关断状态时，电流也有两个通路，分别为：电感 L_1 通过二极管 VD 向电容 C_1 供电；电感 L_2 经过二极管 VD 续流。

推导可得 Zeta 斩波电路的输出电压公式为

$$U_\mathrm{o} = \frac{\alpha}{1-\alpha} E \tag{5-5}$$

5.6　Sepic 斩波电路

Sepic 斩波电路的结构如图 5.9 所示，该电路由输入侧直流电压源 E、2 个电感 L_1 和 L_2、全控型器件绝缘栅双极型晶体管 V、二极管 VD、2 个电容 C_1 和 C_2、电阻负载 R 组成。

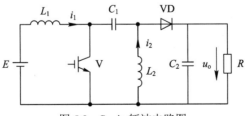

图 5.9　Sepic 斩波电路图

当绝缘栅双极型晶体管处于导通状态时，电流有两个通路，流向为：输入侧直流电压源 E 正极→电感 L_1→绝缘栅双极型晶体管 V→直流电压源 E 负极；电容 C_1→绝缘栅双极

型晶体管 V→电感 L_2。

当绝缘栅双极型晶体管处于关断状态时，电流也有两个通路，流向为：输入侧直流电压源 E 正极→电感 L_1→电容 C_1→二极管 VD→电容 C_2、电阻 R→直流电压源 E 负极；电感 L_2→二极管 VD→电容 C_2、电阻 R。

推导可得 Sepic 斩波电路的输出电压公式为

$$U_o = \frac{\alpha}{1-\alpha}E \tag{5-6}$$

5.7 多相多重斩波电路

多相多重斩波电路是将几个相同的基本斩波电路通过一定方式组合而成的。如图 5.10 所示，E、V_1、VD_1、L_1、R；E、V_2、VD_2、L_2、R；E、V_3、VD_3、L_3、R 分别为 3 个降压斩波电路，将其组合便可构成三相三重斩波电路。

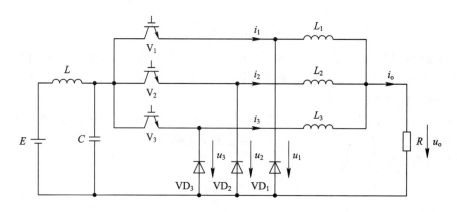

图 5.10　三相三重斩波电路

为输出规律的电流波形，在一个周期内 V_1、V_2、V_3 的导通相位依次相差 1/3 个周期，例如一个周期为 360°，则 V_1 在 0° 时开始给导通信号，V_2 在 120° 时开始给导通信号，V_3 在 240° 时开始给导通信号。由于 V_1、V_2、V_3 为绝缘栅双极型晶体管，属于全控型器件，因此可以通过其栅极 G 端控制通断，下文将进行具体分析。

在 0°～60° 的区间内，给 V_1 管的栅极 G 一个触发脉冲，让 V_1 管保持导通，此刻电流的流向为直流电压源 E 正极→绝缘栅双极型晶体管 V_1→电感 L_1→电阻 R→直流电压源 E 负极，此刻电阻电感负载 RL_1 两端输出电压 u_1 取值为 E，电感 L_1 在吸收能量，流过的电流 i_1 处于慢慢上升的阶段。此刻绝缘栅双极型晶体管 V_2、V_3，二极管 VD_2、VD_3 均未导通，因此 RL_2、RL_3 电压 u_2、u_3 以及流过的电流 i_2、i_3 取值均为 0。

在 60°～120° 的区间内，给 V_1 管的栅极 G 一个关断信号，让 V_1 管关断，此刻电感 L_1 会阻止流过的电流产生突变，因此会产生续流的现象，电路中电流的流向为：电感 L_1→电阻 R→二极管 VD_1，即电感通过 VD_1 放出能量。电阻电感负载 RL_1 两端输出电压 u_1 取值为 0 V，电感 L_1 在放出能量，流过负载的电流 i_1 处于慢慢下降的阶段。绝缘栅双极型晶体管 V_2、V_3，二极管 VD_2、VD_3 均未导通，因此 RL_2、RL_3 电压 u_2、u_3，流过的电流 i_2、i_3

取值均为 0。

在 120°～180° 的区间内，给 V_2 管的栅极 G 一个触发脉冲，让 V_2 管保持导通，此刻电流的流向为直流电压源 E 正极→绝缘栅双极型晶体管 V_2→电感 L_2→电阻 R→直流电压源 E 负极，此刻电阻电感负载 RL_2 两端输出电压 u_2 取值为 E，RL_1 两端电压 u_1 仍旧为 0 V，电感 L_2 在吸收能量，流过负载的电流 i_2 处于慢慢上升的阶段，而此刻电流 i_1 仍旧处于慢慢下降的阶段，因为电感 L_1 仍旧在通过 L_1→电阻 R→二极管 VD_1 的回路放出能量。绝缘栅双极型晶体管 V_3、二极管 VD_3 均未导通，因此 RL_3 电压 u_3、流过的电流 i_3 取值均为 0。

在 180°～240° 的区间内，给 V_2 管的栅极 G 一个关断信号，让 V_2 管关断，此刻电感 L_2 会阻止流过的电流产生突变，因此起到续流的作用，电路中电流的流向为：电感 L_2→电阻 R→二极管 VD_2，即电感 L_2 通过二极管 VD_2 放出能量。电阻电感负载 RL_2 两端输出电压 u_2 取值为 0 V，RL_1 两端电压 u_1 仍旧为 0 V，电感 L_2 在放出能量，流过负载的电流 i_2 处于慢慢下降的阶段，此刻电流 i_1 仍旧处于慢慢下降的阶段，因为电感 L_1 仍旧在通过 L_1→电阻 R→二极管 VD_1 的回路放出能量。绝缘栅双极型晶体管 V_3、二极管 VD_3 均未导通，因此 RL_3 电压 u_3、流过的电流 i_3 取值均为 0。

在 240°～300° 的区间内，给 V_3 管的栅极 G 一个触发脉冲，让 V_3 管保持导通，此刻电流的流向为直流电压源 E 正极→绝缘栅双极型晶体管 V_3→电感 L_3→电阻 R→直流电压源 E 负极，此刻电阻电感负载 RL_3 两端输出电压 u_3 取值为 E，RL_1、RL_2 两端电压 u_1、u_2 仍旧为 0 V，电感 L_3 在吸收能量，流过负载的电流 i_3 处于慢慢上升的阶段，而此刻电流 i_1、i_2 仍旧处于慢慢下降的阶段，因为电感 L_1 仍旧在通过 L_1→电阻 R→二极管 VD_1 的回路放出能量，电感 L_2 也仍旧在通过 L_2→电阻 R→二极管 VD_2 的回路放出能量。

在 300°～360° 的区间内，给 V_3 管的栅极 G 一个关断信号，让 V_3 管关断，此刻电感 L_3 会阻止流过的电流产生突变，因此起到续流的作用，电路中电流的流向为：电感 L_3→电阻 R→二极管 VD_3，即电感 L_3 通过二极管 VD_3 放出能量。电阻电感负载 RL_3 两端输出电压 u_3 取值为 0 V，RL_1、RL_2 两端电压 u_1、u_2 仍旧为 0 V，电感 L_3 在放出能量，流过负载的电流 i_3 处于慢慢下降的阶段，此刻电流 i_1、i_2 仍旧处于慢慢下降的阶段，因为电感 L_1、L_2 仍旧在放出能量。

为更进一步了解电路稳定工作后的情况，再多分析几个区间。在 360°～420° 的区间内，又一次给 V_1 管栅极 G 端一个导通的信号，此刻电流的流向为：直流电压源 E 正极→绝缘栅双极型晶体管 V_1→电感 L_1→电阻 R→直流电压源 E 负极，此刻电阻电感负载 RL_1 两端输出电压 u_1 取值为 E，电感 L_1 在吸收能量，流过负载的电流 i_1 又一次处于慢慢上升的阶段。而电流 i_2、i_3 仍旧处于慢慢下降的阶段，因为电感 L_2 在通过 L_2→电阻 R→二极管 VD_2 的回路放出能量，电感 L_3 在通过 L_3→电阻 R→二极管 VD_3 的回路放出能量。

在 420°～480° 的区间内，给 V_1 管栅极 G 端一个关断信号，使得 V_1 管关断，此刻电流流向为：电感 L_1→电阻 R→二极管 VD_1，即电感通过 VD_1 放出能量。电阻电感负载 RL_1 两端输出电压 u_1 取值为 0 V，电感 L_1 在放出能量，流过负载的电流 i_1 处于慢慢下降的阶段。而电流 i_2、i_3 仍旧处于慢慢下降的阶段，因为电感 L_2、L_3 仍旧在放出能量。

以上工作情况可以总结至表 5.1 中。可以观察到在 360° 后电路才算开始稳定工作。

表 5.1 三相三重斩波电路工作情况表

工作区间	导通管子	L_1 充/放电情况	i_1 变化情况	L_2 充/放电情况	i_2 变化情况	L_3 充/放电情况	i_3 变化情况
0°～60°	V_1	充电	缓慢上升	未导通	0	未导通	0
60°～120°	VD_1	放电	缓慢下降	未导通	0	未导通	0
120°～180°	V_2、VD_1	放电	缓慢下降	充电	缓慢上升	未导通	0
180°～240°	VD_2、VD_1	放电	缓慢下降	放电	缓慢下降	未导通	0
240°～300°	V_3、VD_1、VD_2	放电	缓慢下降	放电	缓慢下降	充电	缓慢上升
300°～360°	VD_3、VD_1、VD_2	放电	缓慢下降	放电	缓慢下降	放电	缓慢下降
360°～420°	V_1、VD_2、VD_3	充电	缓慢上升	放电	缓慢下降	放电	缓慢下降
420°～480°	VD_1、VD_2、VD_3	放电	缓慢下降	放电	缓慢下降	放电	缓慢下降

流过电阻 R 的电流 i_o 为电流 i_1、i_2、i_3 之和，电流 i_1、i_2、i_3 的脉动互相抵消，因此得到的电流 i_o 脉动幅度会平缓很多。

习　题

1. 简述降压斩波电路的基本工作原理。
2. 简述升降压斩波电路的基本工作原理。
3. 升降压斩波电路实现降压功能时，占空比 α 的取值范围是多少？实现升压功能时，占空比 α 的取值范围是多少？
4. 简述 Cuk 斩波电路的基本工作原理。
5. 多相多重斩波电路的作用是什么？

第6章　单相交流调压电路

交流—交流变流电路的作用是将一种形式的交流电变为另外一种形式的交流电(即实现 AC→AC)，可以调整交流电的电压、频率和相数等参数。本章介绍单相交流调压电路，主要有单相交流调压电路(带电阻负载)、单相交流调压电路(带电阻电感负载)两种工作情况。

6.1　单相交流调压电路(带电阻负载)

单相交流调压电路(带电阻负载)结构如图 6.1 所示，由交流电压源 u_1、反向并联的晶闸管 VT_1 和 VT_2、电阻负载 R 组成。

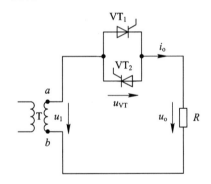

图 6.1　单相交流调压电路图(带电阻负载)

由于本电路的波形是周期性变化的，故只需分析一个周期的工作情况(即 0°～360°)，观测电阻负载两端输出电压 u_o、流过电阻负载 R 的电流 i_o 及并联晶闸管两端电压 u_{VT} 的波形，本电路控制角 α 的取值为 90°。由图形连接方式可知晶闸管 VT_1 在 0°～180° 的区间内承受正向电压，晶闸管 VT_2 在 180°～360° 的区间内承受正向电压，因此，当晶闸管的控制角 α 取值为 90° 时，VT_1 的门极触发脉冲在相位 90° 的时候施加，VT_2 的门极触发脉冲在 270° 的时候施加。由此便可确定 2 个晶闸管在何区间导通。

在 0°～90° 的区间内(不包含 90°)，交流电压源 u_1 为正半周，晶闸管 VT_1 承受正向电压，但是没有施加门极触发脉冲，晶闸管 VT_2 承受反向电压且无门极触发脉冲，因此电路中此刻没有晶闸管导通，流过电阻负载 R 的电流 i_o 取值为 0 A，电阻负载两端电压 u_o 取值也为 0 V。交流电压全部施加在关断的晶闸管两端，因此晶闸管两端电压 u_{VT} 取值为 u_1。

在 90°～180° 的区间内，交流电压源 u_1 为正半周，晶闸管 VT$_1$ 承受正向电压，在 90° 的瞬间 VT$_1$ 的门极触发脉冲到来，VT$_1$ 导通，晶闸管 VT$_2$ 承受反向电压且无门极触发脉冲，因此晶闸管 VT$_2$ 处于关断状态。电路中电流的流通方向为交流电压源 u_1(a 端)→晶闸管 VT$_1$→电阻负载 R→交流电压源 u_1(b 端)。此刻电阻负载 R 两端的电压 u_o 取值与 u_1 相等，流过电阻负载的电流 i_o 取值为 u_o/R，由于晶闸管 VT$_1$ 导通，因此晶闸管两端电压 u_{VT} 取值为 0 V。

在 180°～270° 的区间内(不包含 270°)，交流电压源 u_1 为负半周，晶闸管 VT$_1$ 承受反向电压关断，晶闸管 VT$_2$ 承受正向电压，但此刻 VT$_2$ 的门极触发脉冲尚未施加，因此电路中没有晶闸管导通，流过电阻负载 R 的电流 i_o 取值为 0 A，电阻负载两端电压 u_o 取值也为 0 V。交流电压全部施加在关断的晶闸管两端，因此晶闸管两端电压 u_{VT} 取值为 u_1。

在 270°～360° 的区间内，交流电压源 u_1 为负半周，晶闸管 VT$_2$ 承受正向电压，在 270° 的瞬间 VT$_2$ 的门极触发脉冲到来，因此 VT$_2$ 导通，电路中电流的流通方向为交流电压源 u_1(b 端)→电阻负载 R→晶闸管 VT$_2$→交流电压源 u_1(a 端)。此刻电阻负载 R 两端的电压 u_o 取值与 u_1 相等，流过电阻负载的电流 i_o 取值为 u_o/R，由于晶闸管 VT$_2$ 导通，因此晶闸管两端电压 u_{VT} 取值为 0 V。

经过上述分析，得出单相交流调压电路(带电阻负载)的工作情况如表 6.1 所示。

表 6.1　单相交流调压电路(带电阻负载)工作情况表

工作区间	交流电压源 u_1	晶闸管承受电压(正/负)	是否有门极触发脉冲	晶闸管导通情况	电阻负载两端电压 u_o	电阻负载电流 i_o	晶闸管两端电压 u_{VT}
0°～90°	正半周	VT$_1$ 承受正向电压	无	无	0	0	u_1
90°～180°	正半周	VT$_1$ 承受正向电压	VT$_1$ 有门极触发脉冲	VT$_1$ 导通	u_1	u_o/R	0
180°～270°	负半周	VT$_2$ 承受正向电压	无	无	0	0	u_1
270°～360°	负半周	VT$_2$ 承受正向电压	VT$_2$ 有门极触发脉冲	VT$_2$ 导通	u_1	u_o/R	0

单相交流调压电路(带电阻负载)电阻负载两端输出电压 u_o、流过电阻负载 R 的电流 i_o、晶闸管两端电压 u_{VT} 的波形如图 6.2 所示。当单相交流调压电路稳定工作后，将不断重复图 6.2 所示的波形。

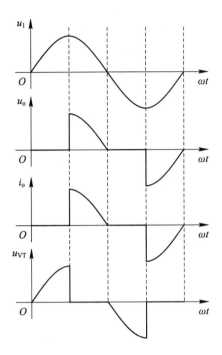

图 6.2 单相交流调压电路(带电阻负载)输出波形图

【思考题】 试分析并绘制当单相交流调压电路(带电阻负载)控制角为 30° 时，电阻负载两端电压 u_o、流过电阻负载 R 的电流 i_o、晶闸管两端电压 u_{VT} 的波形。

6.2 单相交流调压电路(带电阻电感负载)

单相交流调压电路(带电阻电感负载)结构如图 6.3 所示，由交流电压源 u_1、反向并联的晶闸管 VT_1 和 VT_2、电阻电感负载 RL 组成。本节电路和 6.1 节中电路的唯一区别是将电阻负载 R 替换为电阻电感负载 RL。

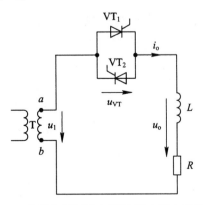

图 6.3 单相交流调压电路图(带电阻电感负载)

　　本电路分析 0°～360° 的工作情况，即观测一个周期中电阻电感负载两端输出电压 u_o、流过电阻电感负载 RL 电流 i_o 及并联晶闸管两端电压 u_{VT} 的波形，本电路门极触发脉冲控制角 α 的取值为 90°。在该电路中，0°～180° 内晶闸管 VT_1 承受正向电压，180°～360° 内晶闸管 VT_2 承受正向电压，当控制角 α 取值为 90° 时，VT_1 的门极触发脉冲在相位 90° 施加，VT_2 的门极触发脉冲在 270° 施加。该电路与 6.1 节带电阻负载的单相交流调压电路的不同之处是负载由电阻 R 变为电阻电感 RL，由于电感的存在会使得流过晶闸管的电流无法突变为 0 A，延后晶闸管关断的时刻。

　　在 0°～90° 的区间内，交流电压源 u_1 位于正半周，晶闸管 VT_1 承受正向电压，但没有门极触发脉冲，而 VT_2 管承受反向电压且没有门极触发脉冲，因此电路中 2 个晶闸管都关断，流过电阻电感负载 RL 的电流 i_o 取值为 0 A，电阻电感负载两端电压 u_o 取值为 0 V。交流电压全部施加在关断的晶闸管两端，因此晶闸管两端电压 u_{VT} 取值为 u_1。

　　在 90°～180° 的区间内，交流电压源 u_1 仍处于正半周，晶闸管 VT_1 承受正向电压，晶闸管 VT_1 的门极触发脉冲在 90° 施加，因此该区间内晶闸管 VT_1 处于导通状态，晶闸管 VT_2 承受反向电压且没有门极触发脉冲，因此 VT_2 处于关断状态。电流的流通方向为交流电压源 $u_1(a$ 端)→晶闸管 VT_1→电阻电感负载 RL→交流电压源 $u_1(b$ 端)。此刻电阻电感负载 RL 两端电压 u_o 取值等于 u_1，流过电阻电感负载 RL 的电流 i_o 无法突变(由于存在电感)，因此处于慢慢上升的状态，此刻晶闸管 VT_1 导通，因此晶闸管两端电压 u_{VT} 取值为 0 V。

　　一旦相位超过 180°，交流电压源 u_1 切换至负半周，但由于电感 L 的存在会使流过晶闸管 VT_1 的电流继续维持一段时间，直至流过电感的电流降低为 0 A(此处假设电流降低至 0 的时刻是 t_1)。

　　在 180°～t_1 的区间内，交流电压源 u_1 为负半周，晶闸管 VT_1 由于电感 L 的续流作用，仍处于导通状态，而晶闸管 VT_2 由于触发脉冲尚未到来因此仍旧关断。电流的流通方向为交流电压源 $u_1(a$ 端)→晶闸管 VT_1→电阻电感负载 RL→交流电压源 $u_1(b$ 端)。此刻电阻电感负载 RL 两端电压 u_o 取值等于 u_1，流过电阻电感负载 RL 的电流 i_o 处于慢慢下降的状态，此刻晶闸管 VT_1 导通，因此晶闸管两端电压 u_{VT} 取值为 0 V。

　　在 t_1～270° 的区间内，交流电压源 u_1 为负半周，由于流过晶闸管 VT_1 的电流变为 0 A，此刻晶闸管 VT_1 处于关断状态，晶闸管 VT_2 由于触发脉冲尚未到来因此仍旧关断，电路中没有电流，即 i_o 取值为 0 A，电阻电感负载两端电压 u_o 取值为 0 V。交流电压全部施加在关断的晶闸管两端，因此晶闸管两端电压 u_{VT} 取值为 u_1。

　　在 270°～360° 的区间内，交流电压源 u_1 为负半周，晶闸管 VT_2 承受正向电压，在 270° 的瞬间 VT_2 的门极触发脉冲到来，因此 VT_2 导通，电路中电流的流通方向为交流电压源 u_1 (b 端)→电阻电感负载 RL→晶闸管 VT_2→交流电压源 $u_1(a$ 端)。此刻电阻电感负载 RL 两端的电压 u_o 取值与 u_1 相等，流过电阻电感负载的电流 i_o 缓慢上升，由于晶闸管 VT_2 导通，因此晶闸管两端电压 u_{VT} 取值为 0 V。

　　经过上述分析，得出单相交流调压电路(带电阻电感负载)的工作情况如表 6.2 所示。

表 6.2　单相交流调压电路(带电阻电感负载)工作情况表

工作区间	交流电压源 u_1	晶闸管承受电压(正/负)	是否有门极触发脉冲	晶闸管导通情况	电阻电感负载两端电压 u_o	电阻电感负载电流 i_o	晶闸管两端电压 u_{VT}
$0° \sim 90°$	正半周	VT_1承受正向电压	无	无	0	0	u_1
$90° \sim 180°$	正半周	VT_1承受正向电压	VT_1有门极触发脉冲	VT_1导通	u_1	上升	0
$180° \sim t_1$	负半周	VT_2承受正向电压	无	VT_1导通	u_1	下降	0
$t_1 \sim 270°$	负半周	VT_2承受正向电压	无	无	0	0	u_1
$270° \sim 360°$	负半周	VT_2承受正向电压	VT_2有门极触发脉冲	VT_2导通	u_1	上升	0

　　单相交流调压电路(带电阻电感负载)电阻电感负载两端输出电压 u_o、流过电阻电感负载 RL 的电流 i_o、晶闸管两端电压 u_{VT} 的波形如图 6.4 所示。(注意：本次分析的是电路从原始关断状态到稳定工作状态的过程，因此在 $0° \sim 90°$ 之间没有输出负载电压和电流的波形，待电路稳定工作后的工作方式与上文 $90° \sim 360°$ 之间类似，主要考虑电感续流对于电路的影响。)

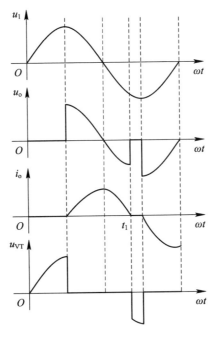

图 6.4　单相交流调压电路(带电阻电感负载)输出波形图

【思考题】 试绘制出单相交流调压电路(带电阻电感负载)稳定工作一个周期后的电阻电感负载输出电压 u_o、流过电阻电感负载的电流 i_o、晶闸管两端电压 u_{VT} 的波形。

习　　题

1. 简述交流调压电路的作用。

2. 单相交流调压电路(带电阻负载)控制角的移相范围是多少?

3. 当单相交流调压电路(带电阻负载)控制角为多少度时,电阻负载两端输出电压取得最大值?

4. 当单相交流调压电路(带电阻负载)控制角为 45° 时,绘制一个周期内,电阻负载两端输出电压 u_o、流过电阻负载 R 的电流 i_o、晶闸管两端电压 u_{VT} 的波形图。

5. 当单相交流调压电路(带电阻电感负载)控制角为 45° 时,分析该电路的基本工作方式。

第7章　闭环直流调速系统

根据自动控制理论，控制系统可以分为开环控制系统和闭环控制系统，这两种控制系统最大的区别为系统中是否有反馈环节。

开环控制系统不受输出量的影响，在开环控制系统中从输入端到输出端只有前向通道，而不存在系统输出量的反馈。开环控制系统的显著缺点是控制精度不高，对外界的抗干扰能力差，例如采用开环控制系统控制直流电机，当电网产生波动或电机的负载发生变化时，电机的转速也会随之发生改变。为了克服开环控制系统的此种缺点，闭环控制系统得到了广泛应用。闭环控制系统将输出量和输入量进行比较并生成偏差信号，该偏差信号回馈至系统的输入端，因此在闭环控制系统中，系统的输出量通过反馈通路影响控制方式。

本章介绍闭环直流调速系统，主要分为单闭环直流调速系统和双闭环直流调速系统。

7.1　单闭环直流调速系统

如图 7.1 所示，单闭环直流调速系统主要由以下几个部分组成：给定电压电路、转速调节器 ASR、触发电路 CF、三相整流桥电路、电机主回路、转速检测电路、反馈电路。在图 7.1 中可以观测到只有一个转速反馈环节，故该电路被称为单闭环直流调速系统。

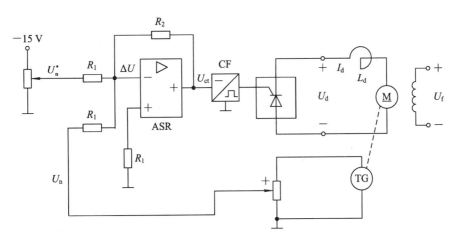

图 7.1　单闭环直流调速系统

7.1.1　单闭环直流调速系统的正反馈与负反馈模式

参考自动控制原理，闭环反馈控制系统按照反馈信号处理方式，可以分为正反馈工作模式和负反馈工作模式两种。正反馈的定义是，将输出量与输入量采用相加的比较方式，而后通过反馈回路回馈至输入端口，从而影响控制系统；负反馈采用将输出量与输入量作差的方式，将作差得到的信号回馈至输入端口，从而影响控制系统。

在单闭环直流调速系统中，只有采用负反馈的工作模式才可消除转速偏差，如果控制方式采用正反馈模式，则会导致电机转速不断上升最终发生失控的现象，下文中将详细分析出现这种状况的原因。

1. 正反馈工作模式

当控制系统采用电机转速反馈电压 U_n 和给定电压 U_n^* "相加"的正反馈模式时，系统输入端的输入电压为 $\Delta U = U_n^* + U_n$。当控制系统中的电机由于外界干扰导致转速 n 增大，电机反馈电压 U_n 随之增大，导致系统输入端电压 $\Delta U = U_n^* + U_n$ 增大，下一环节的转速调节器 ASR 的输出电压 U_{ct} 增大，晶闸管整流装置输出电压 U_d 继而增大，使得转速 n 进一步增大，而电机转速 n 增大通过反馈回路又使得电机反馈电压 U_n 随之增大，而后系统输入端电压 ΔU 又继续增大，进入一个和刚才叙述过程重复的正反馈循环，电机的转速在该过程中不断增加，最终导致失控现象的发生，该反馈过程为：

$$U_n \uparrow \longrightarrow \Delta U = (U_n^* + U_n) \uparrow \longrightarrow U_{ct} \uparrow \longrightarrow U_d \uparrow \longrightarrow n \uparrow$$

2. 负反馈工作模式

为了克服上述正反馈的缺点，控制系统需要采用负反馈，负反馈模式下给定电压 U_n^* 和转速反馈电压 U_n "相减"，系统输入端的输入电压为 $\Delta U = U_n^* - U_n$。

考虑给定电压 U_n^* 对系统的影响，转速闭环调速系统中电机的转速大小受转速给定电压 U_n^* 控制，当给定电压 U_n^* 取值为零时，电机停止运转；当给定电压 U_n^* 增大时，电机转速随之增大；当给定电压 U_n^* 减小时，电机转速随之降低。以提高转速的控制系统为例，系统原理分析为：当给定电压 U_n^* 增大时，会使得系统输入端的输入电压 $\Delta U = U_n^* - U_n$ 增大，而后转速调节器 ASR 的输出电压 U_{ct} 增大，晶闸管整流装置输出电压 U_d 随之增大，最终使得转速 n 上升(值得注意的是，随着转速 n 的上升，转速反馈电压 U_n 会随之升高，但 U_n 增大的值小于给定电压 U_n^* 增大的值，因此系统输入端的输入电压 $\Delta U = U_n^* - U_n$ 总体上是升高的，因此转速最终是上升的)，在有静差的系统中，$\Delta U = U_n^* - U_n$ 趋向于一个稳定的值，转速在增加一定取值之后趋于稳定。

考虑转速变化对系统的影响，当系统受到外界的扰动，电机转速 n 下降时，电机转速反馈电压 U_n 随之减小，导致系统输入端电压 $\Delta U = U_n^* - U_n$ 增大，转速调节器 ASR 的输出电压 U_{ct} 增大，晶闸管整流装置输出电压 U_d 继而增大，使得转速 n 增大，而转速 n

的增大会使得由于外界负载变化扰动而降低的电机转速恢复到一个正常区间，该过程为

$$U_n \downarrow \longrightarrow \Delta U=(U_n^* - U_n) \uparrow \longrightarrow U_{ct} \uparrow \longrightarrow U_d \uparrow \longrightarrow n \uparrow$$

通过这一调节可抑制转速的下降，虽然不能做到完全阻止转速下降，但同开环控制系统相比，转速的下降程度会大大降低，从而保持了转速的相对稳定。

7.1.2　单闭环直流调速系统的静特性

上文对单闭环直流调速系统的负反馈工作模式进行了介绍，为更进一步了解系统的工作原理，本节将分析单闭环直流调速系统的静特性。单闭环直流调速系统处于稳定工作状态时，电机转速 n 与电枢电流 I_d(或转矩)之间的关系称为闭环调速系统的静特性。图 7.2 为图 7.1 转换而成的稳态结构图。其中，K_p 为转速调节器模块中的运算放大器放大系数，K_s 为功放整流模块系数，I_d 为电枢电流，R 为电枢电阻，C_e 为额定磁通下的电动势系数，α 为转速反馈系数。

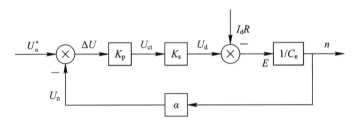

图 7.2　单闭环直流调速系统的稳态结构图

由稳态结构图可得如下计算公式：

$$\Delta U = U_n^* - U_n$$

$$U_{ct} = K_p \Delta U$$

$$U_d = K_s U_{ct}$$

$$n = \frac{U_d - I_d R}{C_e}$$

综合上述四个公式可以得出系统的静特性方程为

$$n = \frac{K_p K_s U_n^*}{C_e(1+K)} - \frac{R}{C_e(1+K)} I_d \tag{7-1}$$

其中，K 称为系统的开环放大系数，计算公式为

$$K = \frac{K_p K_s \alpha}{C_e}$$

由电机拖动原理可知开环电机调速系统中转速的公式为

$$n = \frac{U_d}{C_e} - \frac{R}{C_e} I_d \tag{7-2}$$

而本节采用的单闭环直流调速系统的转速公式即式(7-1)的静特性方程为

$$n = \frac{K_p K_s U_n^*}{C_e(1+K)} - \frac{R}{C_e(1+K)} I_d$$

由此可得开环系统计算公式的斜率为 $\dfrac{R}{C_e}$，单闭环直流调速系统计算公式的斜率为

$\dfrac{R}{C_e(1+K)}$，可见单闭环直流调速系统的斜率比开环系统的斜率小得多，为了更加直观地观测二者的区别，图 7.3 中使用式(7-1)、式(7-2)绘制了开环系统的机械特性曲线和闭环系统的静特性曲线，两者都表示电机转速 n 与电枢电流 I_d(或转矩)之间的关系，只是开环系统用机械特性表示二者关系，闭环系统用静特性表示二者关系。需要注意的是，闭环系统的静特性表示的是电机转速 n 与电枢电流 I_d(或转矩)的静态关系，是经过闭环系统调节后的结果，在每条机械特性曲线上对应一个相应的工作点，是一种静态的关系，静特性无法体现一个系统动态的工作过程。

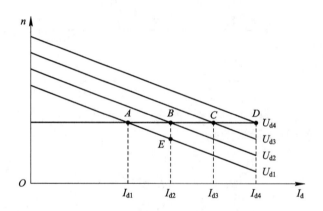

图 7.3　机械特性曲线和静特性曲线

如图 7.3 所示，U_{d1}、U_{d2}、U_{d3}、U_{d4} 线段是不同电枢电压下的开环机械特性曲线，当电压取值为 U_{d1} 而电枢电流取值为 I_{d1} 时，电机位于线段 U_{d1} 的 A 点上，当电压保持 U_{d1} 不变，负载增加时，电枢电流增大至 I_{d2}，电机转速由 A 点沿着线段 U_{d1} 下降至 E 点。因此在开环系统中，当电机受到外界环境扰动，例如电机所带的负载增大时，转速 n 会下降。

在闭环系统中由于存在转速反馈环节，当电机所带的负载增大，电枢电流 I_d 随之增大，当转速稍有下降时，在转速反馈环节的作用下，系统输入端电压 $\Delta U = U_n^* - U_n$ 即刻增大，ΔU 输入转速调节器 ASR 进行调节，通过前向通路影响电机的最终转速，根据静特性的计算公式可得，电机从 A 点切换到 B 点，观察图 7.3 可知，虽然流过电机的电枢电流 I_d 加大，但是电机的转速几乎不变。同理，如果电机所带的负载继续加大，电流逐步增加为 I_{d3}、I_{d4}，在转速反馈的持续调节下，电机工作点会位于 C 点和 D 点，对比闭环静特性的 A、B、C、D 点与开环特性线段上的 A、E 点，可以发现闭环系统比开环系统机械特性更硬，转速下降的数值较少。

7.1.3　有静差调速与无静差调速

依据转速调节器 ASR 采用的调节方式,可将单闭环直流调速系统分为有静差调速系统和无静差调速系统，下文将对这两种系统的概念作具体介绍。

1. 有静差调速系统

当转速调节器 ASR 采用比例调节器(P)时，此种单闭环直流调速系统称为有静差调速系统。图 7.1 中采用的便为比例调节器的工作模式,对于其工作原理本节不再赘述。从图 7.2 有静差调速系统的稳态结构图来看,转速 n 是由给定电压和转速反馈电压比较后的偏差电压 ΔU 来控制的，偏差电压 ΔU 取值越大，电机的转速 n 便越高，因此，在有静差的单闭环直流调速系统中，转速 n 的实际值和给定的期望转速值总是有一定的偏差。下面所示的单闭环直流调速系统稳态转速降公式也证明了这点：

$$\Delta n_b = \frac{R}{C_e(1+K)} I_d \tag{7-3}$$

根据式(7-3)可知，只有当放大系数 K 取值极大时，转速实际值和期望值之差 Δn_b 才能趋向于 0，但在实际工作中，K 的取值不会是无穷大的，因此实际转速和期望转速值一直会存在一个偏差 Δn_b，这便是有静差的单闭环直流调速系统。

2. 无静差调速系统

当转速调节器 ASR 采用比例积分调节器(PI)时，此种单闭环直流调速系统称为无静差调速系统。当无静差调速系统达到稳定工作状态时，转速反馈电压 U_n 与给定电压 U_n^* 的值相等，因此调节器的输入偏差电压 ΔU 取值为零。

比例积分调节器(PI)由比例调节器(P)和积分调节器(I)组合而成，其输入输出特性是二者特性的叠加。

在比例调节器中，输出电压为

$$U_o = -K_p(U_n^* - U_n) = -K_p \Delta U$$

根据该公式可得，比例调节器的输出跟随输入的变化而变化，调节的速度较快，且由于调节器的输入偏差 ΔU 取值不为零，因此如果仅使用比例调节器，系统只能实现有静差控制。

在积分调节器中，输出电压为

$$U_o = -\frac{1}{T} \int \Delta U \mathrm{d}t$$

其中，$T = R_1 C$，为积分时间常数；ΔU 为给定电压 U_n^* 和反馈电压 U_n 之差。由积分调节器的输出电压公式可知，当电压差值 ΔU 恒定时，输出电压 U_o 在积分的作用下线性增长；当电压差值 ΔU 取值为零时，输出电压 U_o 恒定不变。因此，在这种情况下，恒定不变的输出电压 U_o 使电机继续保持稳定运转，实现了单闭环直流调速系统的无静差控制。

为综合比例调节器和积分调节器的优点，将二者组合为比例积分调节器。该调节器在积分环节之前先经过比例环节，因此具有响应速度快的特点；当系统处于稳定状态时，调节器的输入端偏差取值为零，可实现无静差调速控制。如图 7.4 所示，为采用比例积分调节器的单闭环直流调速系统原理图，即无静差系统。

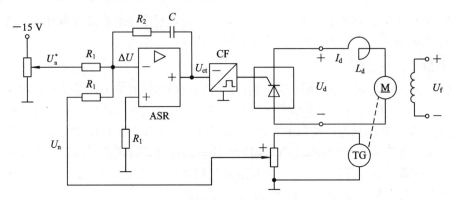

图 7.4　单闭环无静差调速系统原理图

7.2　双闭环直流调速系统

7.2.1　双闭环直流调速系统的结构

　　如图 7.5 所示，双闭环直流调速系统由以下几个部分组成：给定电压模块、转速调节器 ASR、电流调节器 ACR、触发及功放电路 CF、电力电子变换器 UPE、电机主回路、转速检测反馈回路、电流检测反馈回路。其中，TG 表示测速发电机，TA 表示电流互感器。由图 7.5 可得，本系统有电流和转速 2 个闭环调节反馈回路，电流反馈环称为内环，转速反馈环称为外环，因此该控制系统被称为双闭环直流调速系统。为获得优良的工作性能，转速调节器 ASR 和电流调节器 ACR 采用比例积分调节器。

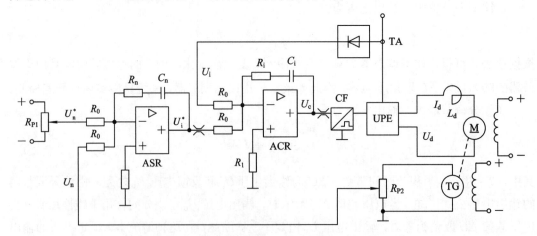

图 7.5　双闭环直流调速系统

　　从图 7.5 中可以观测到，转速调节器 ASR 和电流调节器 ACR 串级连接，即转速调节器 ASR 的输出 U_i^* 作为电流调节器 ACR 的输入，而后再用电流调节器 ACR 的输出 U_c 去控制触发电路 CF。同时转速调节器 ASR、电流调节器 ACR 带有限幅作用，转速调节器 ASR 的限幅值为 U_{im}^*，电流调节器 ACR 的限幅值为 U_{cm}。图 7.5 可以简化为图 7.6 所示的双闭环直流调速系统稳态结构图，其中 α 表示转速反馈系数，β 表示电流反馈系数。

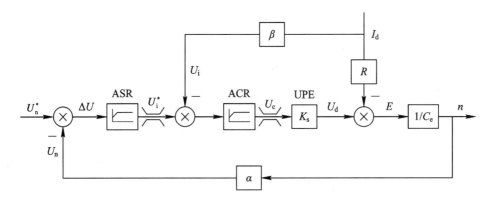

图 7.6　双闭环直流调速系统稳态结构图

7.2.2　双闭环直流调速系统的静特性

调节器具有饱和与不饱和状态。饱和状态指的是调节器的输出达到限幅值并恒定在该限幅值，此刻调节器的输入量变化将不再影响输出量，即处于饱和状态的调节器等同于开环状态(如要退出该饱和状态，需有反向的输入信号)。不饱和状态指的是调节器的输出没有达到限幅值，如果此刻调节器工作于稳定状态，则输入的偏差信号取值应该为零。

在系统正常进入稳定状态工作时，一般电流调节器 ACR 一直处于不饱和状态，因此系统只有转速调节器的饱和与不饱和两种情况。

(1) 当转速调节器 ASR 处于不饱和状态，而电流调节器 ACR 也处于不饱和状态时，由于 ASR 和 ACR 均使用比例积分调节器，因此 ASR 的输入电压差值为 0(即给定电压 U_n^* 减转速反馈电压 U_n 为 0)，ACR 的输入电压差值也为 0(即 U_i^* 和 U_i 差值为 0)，有如下公式：

$$U_n^* = U_n = \alpha n = \alpha n_0 \tag{7-4}$$

$$U_i^* = U_i = \beta I_d \tag{7-5}$$

由式(7-4)可得电机转速 $n = U_n^*/\alpha = n_0$，因而直流电机的转速 n 一直恒定在数值 n_0；而由于转速调节器 ASR 处于不饱和状态，因此 ASR 的输出电压 $U_i^* < U_{im}^*$，根据式(7-5)可得流过电机的负载电流 $I_d < I_{dm}$。

由上述分析总结可知，当转速调节器 ASR 和电流调节器 ACR 均为不饱和状态时，电机的转速 n 恒为 n_0，流过电机的负载电流取值小于最大值 I_{dm}。当电机带有不同负载使得流过电机的电流 I_d 取不同值时，系统的各个工作点位于图 7.7 中的 CA 段。

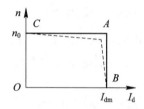

图 7.7　双闭环直流调速系统静特性曲线

(2) 当转速调节器 ASR 处于饱和状态，电流调节器 ACR 处于不饱和状态时，转速调节器 ASR 的输出达到限幅值 U_{im}^*，此刻直流电机的转速 n 对于转速调节器 ASR 不再产生影响，即呈现开环状态，这使得系统中仅有使用比例积分调节器控制方式的电流调节器 ACR 工作，而由于 ACR 使用比例积分调节器且工作在稳定状态，因此 ACR 的输入偏差电压为 0，即 $U_i^* = U_{im}^* = U_i$，根据式(7-5)可得，此刻电流 $I_d = U_{im}^* /\beta = I_{dm}$，因此当转速调节器 ASR 饱和，电流调节器 ACR 为不饱和时，静特性曲线如图 7.7 中的 AB 段。

以上分析所得的静特性可以总结为：当电流未达到系统设置的限定值 I_{dm} 时，即使工作系统外界存在干扰(例如电机负载增加使电流 I_d 发生波动)，电机转速仍旧能恒定在 n_0，此刻转速负反馈 ASR 起主要调节作用。而当流过电机的负载电流达到限定值 I_{dm} 时，电流调节器 ACR 起到主要作用，防止电流超过限定值 I_{dm}，实现过电流自动保护的目标。

然而，实际上运算放大器的开环放大系数 K 取值并不是无穷大，静特性有很小的静差存在，使得绘制出的静特性曲线不是上文中提到的理想状态，实际图形如图 7.7 中虚线所示。

习　题

1. 简述正反馈和负反馈的概念。
2. 简述单闭环直流调速系统的基本工作原理。
3. 简述有静差调速系统和无静差调速系统的概念。
4. 比例调节器和比例积分调节器在控制效果上有何区别？
5. 简述双闭环直流调速系统的基本组成模块。
6. 转速调节器和电流调节器在双闭环直流调速系统中的作用分别是什么？
7. 绘制双闭环直流调速系统在理想情况下的静特性曲线。

第二部分

电力电子技术虚拟仿真

第8章　虚拟仿真环境简介

本书相关电路的仿真采用计算机仿真软件 MATLAB 中的 Simulink 环境模块，该设计环境可用于多领域的可视化仿真，基于各类模型的框图设计环境为用户提供了直观的仿真界面，即支持图形用户界面(GUI)。在该计算机虚拟仿真环境内，用户仅需将仿真所需模块拖入系统界面，调整相应模块的设计参数即可进行系统仿真。同时，该仿真环境可定制用户所需的模块库，基于用户需求进行建模，无需进行繁杂的编程设计，极大提高了模型搭建及测试的效率。

本章介绍 Simulink 虚拟仿真界面，并对后续仿真电路搭建时常用的模块使用方式进行说明。

8.1　虚拟仿真界面介绍

1. 打开 Simulink 界面的方式

进入 Simulink 虚拟仿真界面有三种方式，用户可根据需要选择其中任意一种方式，均可打开仿真界面。

(1) 单击菜单栏中的 Simulink 图标即可打开 Simulink 界面，如图 8.1 所示。

图 8.1　启动 Simulink 界面方式一

(2) 在命令行窗口界面中输入指令"simulink"，按下回车键后即可打开 Simulink 界面，如图 8.2 所示。

(3) 单击菜单栏中的"新建"，在出现的栏目中选择"Simulink Model"选项即可打开 Simulink 界面，如图 8.3 所示。

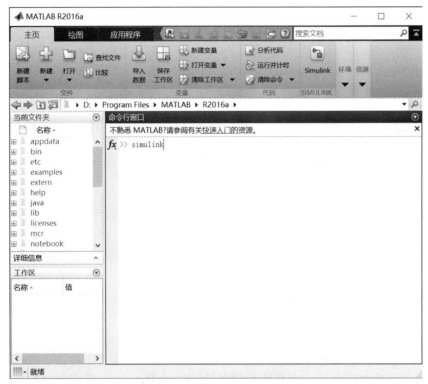

图 8.2　启动 Simulink 界面方式二

图 8.3　启动 Simulink 界面方式三

按照上述操作方式启动 Simulink 后，便会出现仿真界面，相应电路仿真的搭建便在此界面进行，如图 8.4 所示。

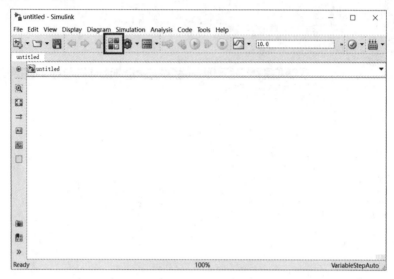

图 8.4　Simulink 仿真界面

2. Simulink 界面操作方式简介

单击图 8.4 Simulink 仿真界面中框出的"Library Browser"按键便会弹出"Simulink Library Browser"界面，即仿真模块库，如图 8.5 所示，电路仿真所需元件模块可在该模块库中搜寻并拖动至图 8.4 所示的仿真界面进行元件模块连线、参数设置。

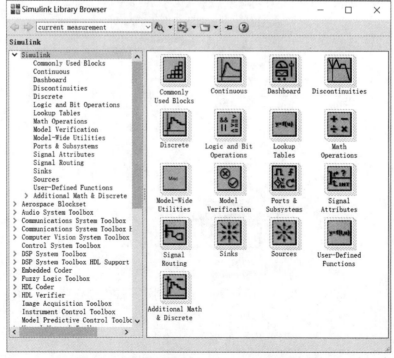

图 8.5　"Simulink Library Browser"仿真模块库

仿真项目搭建完成后，单击图 8.4 Simulink 仿真界面中的 "Run" 运行按键 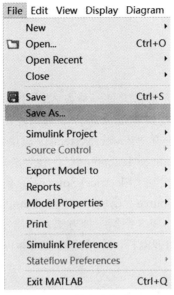 即可进行项目仿真，具体电路仿真搭建方式将在后续章节进行详细介绍。

项目搭建完成后，单击图 8.4 Simulink 仿真界面菜单栏中的 "File"，在显示的下拉栏目中选择 "Save as…" 如图 8.6(a)所示，即可弹出另存为界面，如图 8.6(b)所示，用户可根据需要调整仿真项目的存储路径、文件名称、保存类型等属性。

(a) 文件保存方式

(b) 调整文件属性

图 8.6　仿真文件保存方式

8.2 常用模块的调用

本节介绍仿真电路模块调用方式及常用参数调整方式，主要有电压源模块、负载模块、测量工具模块、常用电子器件模块、脉冲触发模块、变压器模块、总线合成元件模块七类。

1. 电压源

(1) 单相交流电压源。

搜索元件有 2 种方式，首先介绍第一种方式，打开仿真模块库"Simulink Library Browser"界面，在左侧栏目中找到"Simscape"选项，点击"Simscape"边上的箭头展开，找到"Power Systems"，点击展开"Power Systems"模块，找到该模块下的"Specialized Technology"，点击展开"Specialized Technology"，找到"Fundamental Blocks"，点击展开"Fundamental Blocks"模块，找到"Electrical Sources"，选中"Electrical Sources"并在右侧显示栏中找到"AC Voltage Source"模块，并拖入 Simulink 仿真界面中。但该方式搜寻元器件较为繁琐，因此在下文中将介绍第二种方式，列出常用元件的英文名称，将该英文名称输入图 8.7 对话框左上角的搜索栏，直接点击搜索即可得到所需元件。

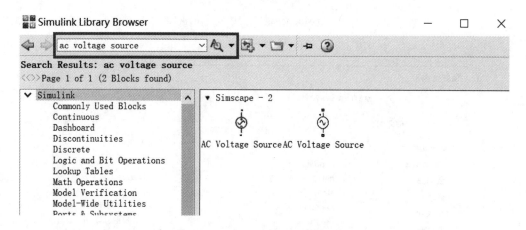

图 8.7 菜单栏搜索单相交流电压源

单相交流电压源在 Simulink 中的英文名称为 AC Voltage Source，将该英文名称输入图 8.7 左上角的搜索栏进行搜索，所得模块元件图形如图 8.8(a)所示，该单相交流电压源标注有"+"号，在进行电路模拟仿真连线时注意该符号方向。

双击该元件便可打开参数设置对话框，如图 8.8(b)所示，对话框中 Peak amplitude 指的是单相交流电压源输出的交流电压峰值参数，以伏(V)为单位；Phase 指的是交流电的相位，以度(°)为单位，例如要仿真三相交流电压源，可在界面放置 3 个 AC Voltage Source 元件模块，将相位参数 Phase 分别设置为 0°、－120°、－240°，即保证 a、b、c 三相电互相之间的相位差为 120° 即可；Frequency 指的是交流电压源的频率，以赫兹(Hz)为单位；Sample time 指的是采样时间，以秒(s)为单位，在本书的电路仿真中，该参数可保持默认设置。

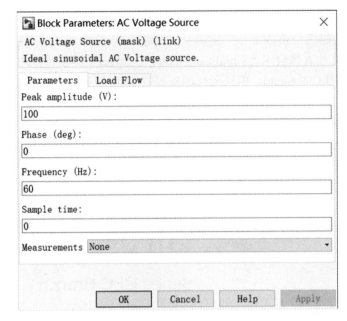

(a) 模块元件图形　　　　　　　　(b) 参数设置对话框

图 8.8　单相交流电压源

(2) 直流电压源。

打开仿真模块库"Simulink Library Browser"界面，在左上角搜索栏搜寻直流电压源 (DC Voltage Source)，模块元件图形如图 8.9(a)所示，双击该元件便可打开参数设置对话框，如图 8.9(b)所示，对话框中 Amplitude 指的是直流电压源输出的直流电压取值，以伏(V)为单位。

DC Voltage Source

(a) 模块元件图形

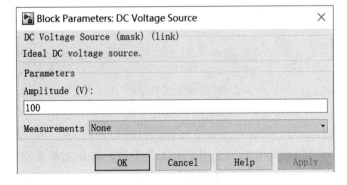

(b) 参数设置对话框

图 8.9　直流电压源

2. 负载

(1) 串联型负载。

打开仿真模块库"Simulink Library Browser"界面，在左上角搜索栏搜索串联型负载(Series RLC Branch)，模块元件图形如图 8.10(a)所示。双击该元件便可打开参数设置对话框，如图 8.10(b)所示，对话框中 Branch type 参数可以选择负载类型，有电阻电感电容 RLC、纯电阻 R、纯电感 L、纯电容 C、电阻电感 RL、电阻电容 RC、电感电容 LC、开路 Open circuit 8 种，电阻 R 的单位为欧姆(Ω)，电感 L 的单位为亨利(H)，电容 C 的单位为法拉(F)。该元件模块中，所有元件都是串联的。举例说明填写方式，如电路中为纯电感负载，则将 Branch type 参数选择 L，取值写为 0.001H，也可填写为 1e－3。

Series RLC Branch

(a) 模块元件图形

```
┌──────────────────────────────────────────────────────┐
│ 🔲 Block Parameters: Series RLC Branch            ✕   │
├──────────────────────────────────────────────────────┤
│ Series RLC Branch (mask) (link)                        │
│ Implements a series branch of RLC elements.            │
│ Use the 'Branch type' parameter to add or remove       │
│ elements from the branch.                              │
│                                                        │
│ Parameters                                             │
│ Branch type: RLC                              ▼        │
│ Resistance (Ohms):                                     │
│ 1                                                      │
│ Inductance (H):                                        │
│ 1e-3                                                   │
│ ☐ Set the initial inductor current                    │
│ Capacitance (F):                                       │
│ 1e-6                                                   │
│ ☐ Set the initial capacitor voltage                   │
│ Measurements None                             ▼        │
│                                                        │
│        OK      Cancel      Help      Apply             │
└──────────────────────────────────────────────────────┘
```

(b) 参数设置对话框

图 8.10　串联型负载

(2) 并联型负载。

打开仿真模块库"Simulink Library Browser"界面，在左上角搜索栏搜索并联型负载(Parallel RLC Branch)，模块元件图形如图 8.11(a)所示。双击该元件便可打开参数设置对话框，如图 8.11(b)所示，对话框中 Branch type 参数可以选择负载类型，有电阻电感电容 RLC、纯电阻 R、纯电感 L、纯电容 C、电阻电感 RL、电阻电容 RC、电感电容 LC、开路 Open circuit

8 种，但该元件模块中所有元件都是并联的。

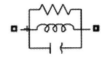

Parallel RLC Branch

(a) 模块元件图形

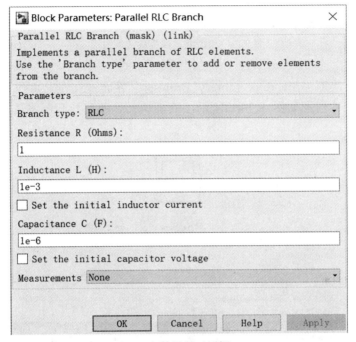

(b) 参数设置对话框

图 8.11　并联型负载

3. 测量工具

(1) 电压测量仪。

打开仿真模块库"Simulink Library Browser"界面，在左上角搜索栏搜索电压测量仪 (Voltage Measurement)，模块元件图形如图 8.12 所示，该元件用于测量电压，由放置在仿真模型中的 Powergui 模块激活。图形中的"+""-"表示输入该模块的电压测量端口，而"v"端口则是输出端口，需要连接至下文中介绍的示波器上。

Voltage Measurement

图 8.12　电压测量仪模块元件图形

(2) 电流测量仪。

打开仿真模块库"Simulink Library Browser"界面,在左上角搜索栏搜索电流测量仪(Current Measurement),模块元件图形如图 8.13 所示,该元件用于测量仿真电路中的电流,由放置在仿真模型中的 Powergui 模块激活。图形中的"+"表示电流由此流入该元件模块,"−"表示电流由此流出该元件模块,i 端口是输出端口,需要连接至下文中介绍的示波器上。

Current Measurement

图 8.13　电流测量仪模块元件图形

(3) 示波器。

打开仿真模块库"Simulink Library Browser"界面,在左上角搜索栏搜索示波器(Scope),模块元件图形如图 8.14(a)所示,双击该元件便可打开示波器显示界面,如图 8.14(b)所示。

Scope

(a) 模块元件图形

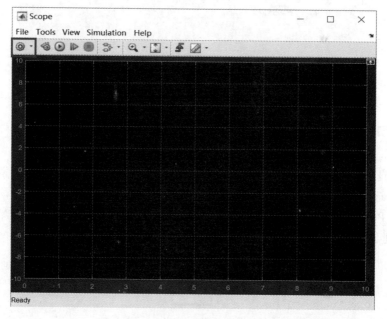

(b) 显示界面

图 8.14　示波器

如需对示波器显示方式进行调整,则需选择示波器显示界面菜单栏中图 8.14(b)框出的设置按键，打开"Configuration Properties:Scope"对话框，在 Main 选项卡下进行端口参数调整，主要可进行 Number of input ports 的调整，该参数表示示波器中显示波形的数目，在该栏右侧的 Layout 选项中则可进行示波器显示的布局，例如，当 Number of input ports 参数调整为 3，Layout 选项按照图 8.15(a)所示进行设置，示波器显示界面则调整为图 8.15(b)所示。

在"Configuration Properties:Scope"对话框的 Display 选项卡下，可对示波器显示坐标轴大小范围进行调整，如图 8.15(c)所示，Active display 为当前需要调整坐标轴大小的示波器栏目选择，例如将该参数调整为 1，则表示对图 8.15(b)中第一行坐标轴 Y 的最大值最小值进行调整，将 Y-limits(Minimum)，即 Y 轴坐标最小值参数调整为 -100 V，将 Y-limits(Maximum)，即 Y 轴坐标最大值参数调整为 100 V，点击"OK"按键，便可得出调整过后的示波器第一栏 Y 轴坐标显示情况，如图 8.15(d)所示。

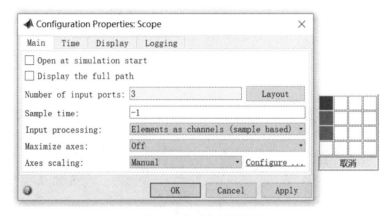

(a) Main 选项卡参数设置

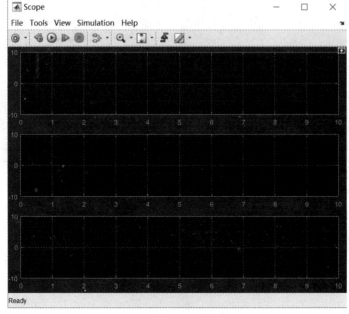

(b) 示波器界面变化

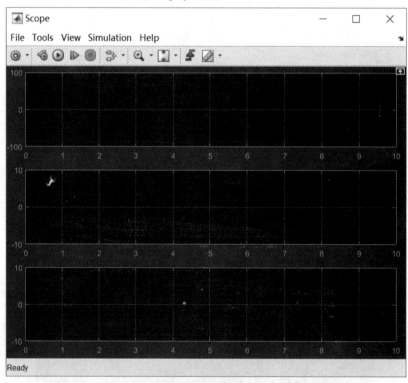

(c) Display 选项卡参数设置

(d) Y 轴坐标显示

图 8.15　示波器参数调整

4. 电子器件

(1) 二极管。

打开仿真模块库"Simulink Library Browser"界面,在左上角搜索栏搜索二极管(Diode),模块元件图形如图 8.16(a)所示,图形中 a 端口为二极管的阳极,k 端口为二极管的阴极,m 端口为二极管工作状态的输出端口。

双击该元件便可打开参数设置对话框，如图 8.16(b)所示，对话框中 Resistance Ron 参数表示二极管处于导通状态时的内阻阻值，以欧姆(Ω)为单位；Inductance Lon 参数表示二极管处于导通状态时的内置电感取值，以亨利(H)为单位；Forward voltage Vf 参数表示二极管的前向电压，即二极管处于导通状态时两端的电压取值，以伏特(V)为单位。在本书的电路模拟仿真中二极管的参数可保持默认值。

(a) 模块元件图形

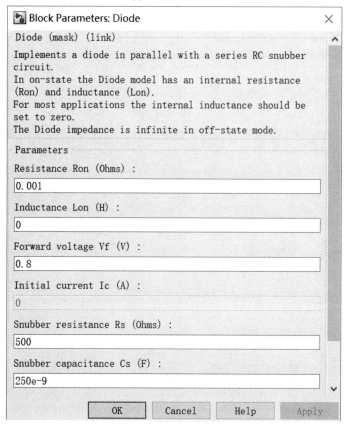

(b) 参数设置对话框

图 8.16　二极管

(2) 晶闸管。

打开仿真模块库"Simulink Library Browser"界面，在左上角搜索栏搜索晶闸管(Thyristor)，模块元件图形如图 8.17(a)所示，图形中 a 端口为晶闸管的阳极，k 端口为晶闸管的阴极，g 端口为晶闸管的门极，m 端口为工作时晶闸管电压、电流情况的输出端口。

双击该元件便可打开参数设置对话框，如图 8.17(b)所示，对话框中 Resistance Ron 参数指的是晶闸管的等效电阻，以欧姆(Ω)为单位；Inductance Lon 指的是等效电感，以亨特

(H)为单位；Forward voltage Vf 指的是电压，以伏特(V)为单位；Initial current Ic 指的是非 0 初始条件下晶闸管的电流初始取值，以安培(A)为单位；Snubber resistance Rs、Snubber capacitance Cs 指的是和晶闸管并联的 R、C 吸收电路元件参数，这类参数在本书的电路模拟仿真中可保持默认值；当 Show measurement port 栏被勾选上时，m 端口可以输出工作时晶闸管电压情况、电流情况。

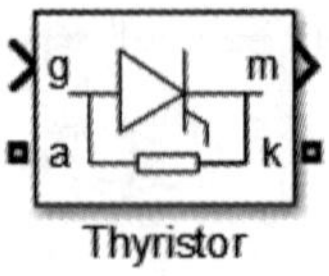

(a) 模块元件图形

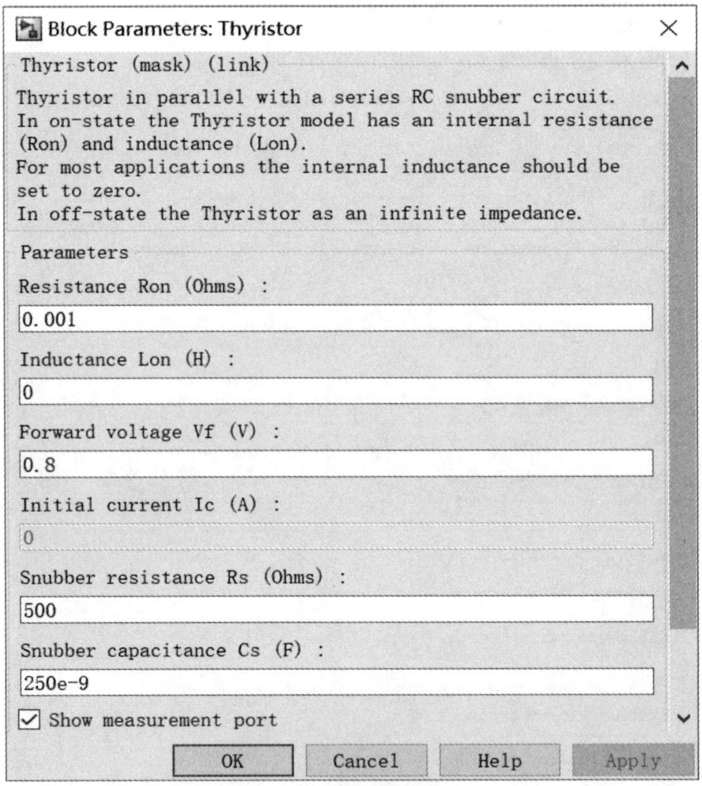

Block Parameters: Thyristor

Thyristor (mask) (link)

Thyristor in parallel with a series RC snubber circuit.
In on-state the Thyristor model has an internal resistance
(Ron) and inductance (Lon).
For most applications the internal inductance should be
set to zero.
In off-state the Thyristor as an infinite impedance.

Parameters

Resistance Ron (Ohms) :
0.001

Inductance Lon (H) :
0

Forward voltage Vf (V) :
0.8

Initial current Ic (A) :
0

Snubber resistance Rs (Ohms) :
500

Snubber capacitance Cs (F) :
250e-9

☑ Show measurement port

OK　　Cancel　　Help　　Apply

(b) 参数设置对话框

图 8.17　晶闸管

(3) 绝缘栅双极型晶体管。

打开仿真模块库"Simulink Library Browser"界面，在左上角搜索栏搜索绝缘栅双极型晶体管(IGBT)，模块元件图形如图 8.18(a)所示，图形中 g 端口为绝缘栅双极型晶体管的栅极，C 端口为绝缘栅双极型晶体管的集电极，E 端口为绝缘栅双极型晶体管的发射极，m 端口为工作时绝缘栅双极型晶体管的电压、电流情况输出端口。

双击该元件便可打开参数设置对话框，如图 8.18(b)所示，这类参数在本书的电路模拟仿真中可保持默认值。

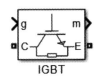

(a) 模块元件图形

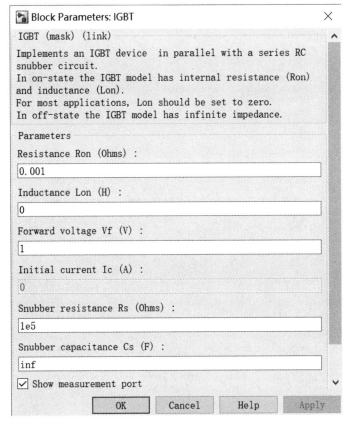

(b) 参数设置对话框

图 8.18　绝缘栅双极型晶体管(IGBT)

5. 脉冲触发器

打开仿真模块库"Simulink Library Browser"界面，在左上角搜索栏搜索脉冲触发器 (Pulse Generator)，模块元件图形如图 8.19(a)所示。该模块用于在每个周期内产生稳定的方波脉冲，可给晶闸管、绝缘栅双极型晶体管等元器件施加脉冲。

双击该模块便可打开参数设置对话框，如图 8.19(b)所示。脉冲形式 Pulse type 栏可选择 Time based；时间 Time 栏可选择 Use simulation time；Amplitude 为方波的幅值参数；Period 为方波的周期参数，例如在频率为 50 Hz 的交流电中，如每个周期内都需要施加一次脉冲，该参数便可调整为 0.02 s；Pulse Width 为方波的脉宽参数；Phase delay 为相位延迟参数，但注意该参数的单位是秒(s)，因此需要进行换算，例如，在频率为 50 Hz 的交流电中(即一个周期为 0.02 s)，如需在相位 180°处施加触发脉冲，180°是相对于一个周期 360°而言的相位参数，如要进行仿真参数调整则需要换算至以秒为单位的区间内，360°对应此刻的 0.02 s，因此施加脉冲的 180°对应 0.01 s，将 0.01 s 填入 Phase delay 栏即可。

(a) 模块元件图形

（图：Block Parameters: Pulse Generator 对话框）

(b) 参数设置对话框

图 8.19　脉冲触发器

6. 变压器

打开仿真模块库"Simulink Library Browser"界面，在左上角搜索栏搜索变压器(Linear Transformer)，模块元件图形如图 8.20(a)所示，该模块可以对 2 绕组或 3 绕组线性变压器进行仿真。

双击该元件便可打开参数设置对话框，如图 8.20(b)所示，对话框中 Units 栏用于选择下面各类参数的单位，如平常经常使用的单位 Ω、H 等可以在该栏中选择 SI 模式；Nominal power and frequency 指的是变压器的额定功率 P_n 和频率参数 f_n，单位分别为伏安(VA)和赫兹(Hz)；Winding 1 parameters [V1(Vrms) R1(ohm) L1(H)]指的是变压器 1 号绕组的参数值，其中 V1 指的是 1 号绕组的工作电压，即变压器正常工作时，这个绕组两端的电压取值，以伏特(V)为单位，R1 指的是这个绕组的等效串联电阻，以欧姆(Ω)为单位，当变压器正常工作时该参数决定了这个变压器绕组能量损耗的取值，L1 指的是该绕组的漏感；Winding 2 parameters [V2(Vrms) R2(ohm) L2(H)]指的是变压器 2 号绕组的参数值，V2 指的是 2 号绕组的工作电压，R2 指的是这个绕组的等效串联电阻，L2 指的是该绕组的漏感；Three windings transformer 框选栏如不选中，则表示变压器只有 1 号绕组和 2 号绕组，是一个 2 绕组线性变压器，如该栏被选中，则可进行 3 绕组线性变压器的仿真；若仿真 3 绕组线性变压器，则可进行 Winding 3 parameters [V3(Vrms) R3(ohm) L3(H)]参数的填写，该参数表示变压器 3 号绕组的参数值，填写方式和上文中 1 号、2 号绕组的方式一致，在此不做过多赘述；Magnetization resistance and inductance [Rm(ohm) Lm(H)]指的是励磁电阻和电感。

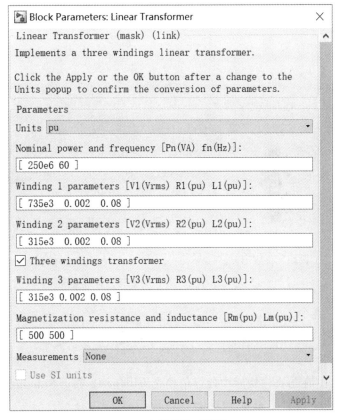

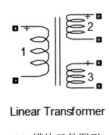

Linear Transformer

(a) 模块元件图形　　　　　　　　(b) 参数设置对话框

图 8.20　变压器

如果想将变压器设置为理想变压器，则可将各个绕组的电阻 R、电感 L 取值均设置为 0，再将励磁电阻和电感 R_m、L_m 参数设置为 inf，即 R_m、L_m 取值为无穷大即可。

7. 总线合成元件

打开仿真模块库"Simulink Library Browser"界面，在左上角搜索栏搜索总线合成元件(Bus Creator)，模块元件图形如图 8.21(a)所示，该模块可以将多路输入信号合成为信号总线，并且传输至示波器显示，可在示波器的一个显示栏中同时显示多个波形。双击该元件便可打开参数设置对话框，如图 8.21(b)所示，可对输入端口数量 Number of inputs 进行调整。

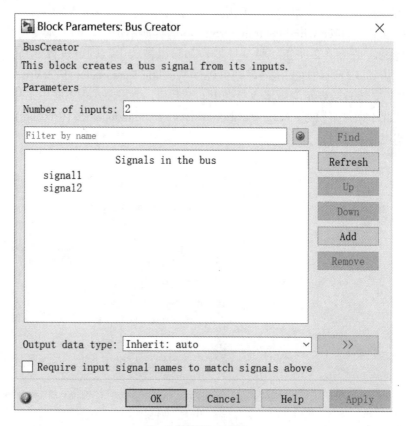

(a) 模块元件图形　　　　　　　　　(b) 参数设置对话框

图 8.21　总线合成元件

习　　题

1. 在仿真模块库中搜寻单相交流电压源，放于 Simulink 仿真界面中，并将电压峰值调为 300 V，频率调为 50 Hz。

2. 在仿真模块库中搜寻串联型负载，放于 Simulink 仿真界面中，并调节为 10 Ω 的纯电阻负载。

3. 在仿真模块库中搜寻示波器，放于 Simulink 仿真界面中，并将示波器调节为两个输入端口，将示波器中两个端口显示的坐标轴 Y 轴范围均调节为 −50～+50。

第 9 章　单相整流电路虚拟仿真

9.1　单相半波整流电路虚拟仿真

Simulink 是 MATLAB 中的一种可视化仿真工具，是一种基于 MATLAB 的框图设计环境，实现动态系统建模、仿真和分析的一个软件包，被广泛应用于线性系统、非线性系统、数字控制及数字信号处理的建模和仿真中。本节将利用 Simulink 工具对单相半波整流电路进行仿真分析，主要电路有单相半波不可控整流电路、单相半波可控整流电路(带电阻负载)、单相半波可控整流电路(带电阻电感负载)三种。

9.1.1　单相半波不可控整流电路虚拟仿真

单相半波不可控整流电路仿真过程如下：

(1) 启动 Simulink 仿真界面，单击仿真界面菜单栏中的"Simulink Library Browser"按键，便可打开"Simulink Library Browser"仿真模型库。

(2) 在"Simulink Library Browser"仿真模型库中搜寻单相交流电压源、电阻负载、二极管、电压测量仪、示波器、电力系统仿真等几个模块，直接在仿真模型库左上角的搜索栏输入与之对应的英文名称进行搜索即可，元件对应的英文名称分别为 AC Voltage Source、Series RLC Branch、Diode、Voltage Measurement、Scope、Powergui。将这些元件从"Simulink Library Browser"仿真模型库界面拖动至 Simulink 仿真界面。

(3) 上述元件放置完成后，双击 Simulink 仿真界面中的 Series RLC Branch 模块，将负载调整为仅有电阻负载 R。由于要测量输入侧的单相交流电压 u_2、二极管两端电压 u_{VD}、电阻负载两端电压 u_d，所以放置了 3 个电压测量仪，需将示波器的输入端口数量改为 3。连线搭建仿真模型，在搭建过程中，需调整元件模块方向，可选中所需调整的元件，右击后在弹出的选项栏中选择"Rotate & Flip"，然后根据元件调整需要选择顺时针旋转(Clockwise)、逆时针旋转(Counterclockwise)、左右镜像(Left-Right)或上下镜像(Up-Down)，如图 9.1 所示。最终连线搭建完成的电路模型如图 9.2 所示。

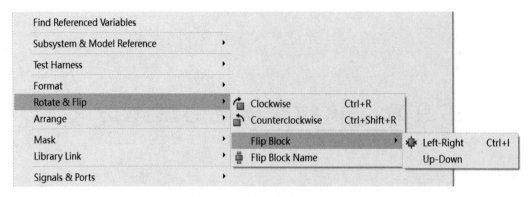

图 9.1   元件模块方向调整

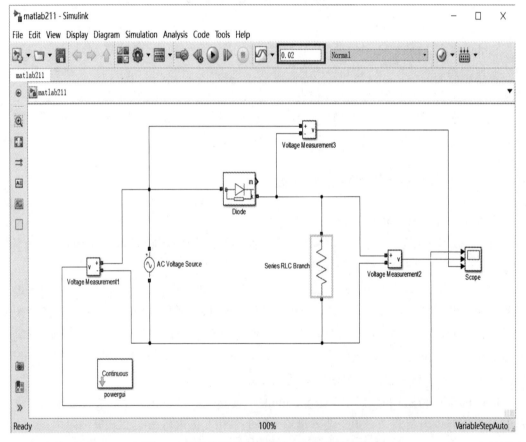

图 9.2   单相半波不可控整流电路仿真模块搭建

(4) 单相半波不可控整流电路仿真模块结构搭建完成后，调整相关元器件参数。本次仿真需要调整单相交流电压源(AC Voltage Source)、电阻负载(Series RLC Branch)这两个元件模块的参数。将单相交流电压源(AC Voltage Source)中的峰值电压参数(Peak amplitude)调整为 200 V，频率参数(Frequency)改为 50 Hz；电阻负载 R 的阻值调整为 10 Ω，如图 9.3 所示。观测一个周期的波形，当频率为 50 Hz 时，一个周期时间换算为 1/50，即 0.02 s，将 Simulink 仿真界面菜单栏中的仿真时间调整为 0.02 s，如图 9.2 中框出所示。

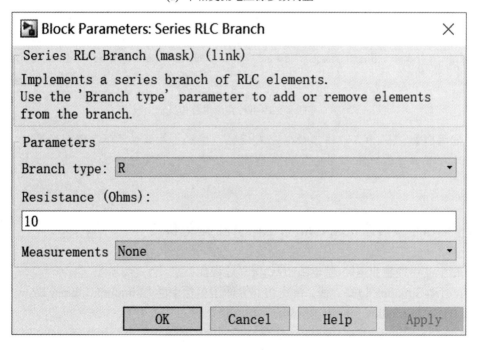

(a) 单相交流电压源参数调整

(b) 电阻负载参数调整

图 9.3 元件参数调整

(5) 点击 Simulink 仿真界面菜单栏中的运行按键 ▶ 后，双击示波器，可得输入侧的单相交流电压 u_2、电阻负载两端电压 u_d、二极管两端电压 u_{VD} 的波形，如图 9.4 所示，验证了理论分析部分所得的波形。

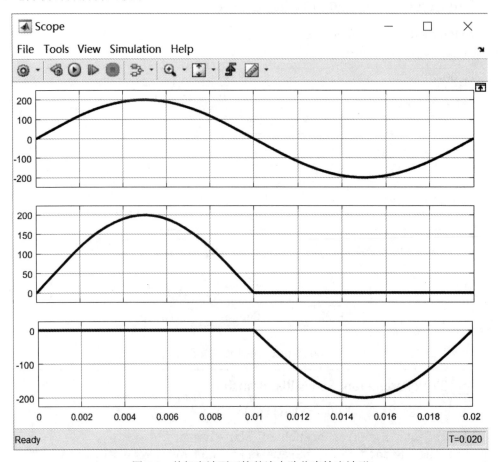

图 9.4　单相半波不可控整流电路仿真输出波形

【思考题】 将图 9.2 中的二极管左右镜像，其他元件属性不变，电阻负载上的电压波形、二极管两端的电压波形会发生哪些变化？请在进行理论分析后，用仿真软件进行验证。

9.1.2　单相半波可控整流电路(带电阻负载)虚拟仿真

单相半波可控整流电路(带电阻负载)仿真过程如下：

(1) 启动 Simulink 仿真界面，单击仿真界面菜单栏中的"Simulink Library Browser"按键 ⊞，打开"Simulink Library Browser"仿真模型库。

(2) 在"Simulink Library Browser"仿真模型库中搜寻单相交流电压源、电阻负载、晶闸管、脉冲触发器、电压测量仪、示波器、电力系统仿真等几个模块，在仿真模型库左上角的搜索栏输入与之对应的英文名称进行搜索，元件对应的英文名称分别为 AC Voltage

Source、Series RLC Branch、Thyristor、Pulse Generator、Voltage Measurement、Scope、Powergui。将这些元件从"Simulink Library Browser"仿真模型库界面拖动至 Simulink 仿真界面。

(3) 上述元件放置完成后，双击 Simulink 仿真界面中的 Series RLC Branch 模块，将负载调整为仅有电阻负载 R。为了测量输入侧的单相交流电压 u_2、晶闸管两端电压 u_{VT} 和电阻负载两端电压 u_d，所以放置了 3 个电压测量仪，需将示波器的输入端口数量改为 3。连线搭建仿真模型，在搭建过程中，调整相关元件模块方向，最终连线搭建完成的电路模型如图 9.5 所示。

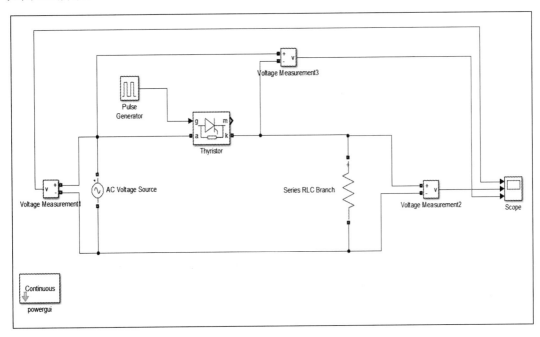

图 9.5　单相半波可控整流电路(带电阻负载)仿真模块搭建

(4) 单相半波可控整流电路(带电阻负载)仿真模块结构搭建完成后，调整相关元器件参数。本次仿真需要调整单相交流电压源(AC Voltage Source)、电阻负载(Series RLC Branch)、脉冲触发器(Pulse Generator)三个元件模块的参数。将单相交流电压源(AC Voltage Source)中的峰值电压参数(Peak amplitude)调整为 200 V，频率参数(Frequency)改为 50 Hz。观测一个周期的波形，频率为 50 Hz 时，一个周期时间为 0.02 s，将 Simulink 仿真界面菜单栏中的仿真时间调整为 0.02 s。电阻负载 R 的阻值调整为 10 Ω。脉冲触发器(Pulse Generator)中的脉冲幅值参数(Amplitude)改为 5 V，脉冲周期(Period)改为 0.02 s，脉冲宽度(Pulse Width)占据一个脉冲周期的参数改为 5%，Phase delay 参数指的是在何处施加晶闸管的门极触发脉冲，本次仿真控制角 $\alpha = 90°$，但仿真界面中 Phase delay 的单位为秒，所以需要换算才可将角度参数转换为秒参数，换算方式为：在以角度为单位时，一个周期为 360°，在相位上 90° 的时候施加晶闸管门极触发脉冲，而在以秒为单位时，一个周期为 0.02 s，因此在 0.005 s 的时候施加晶闸管门极触发脉冲，将 Phase delay 参数改为 0.005 s 即可，如图 9.6 所示。

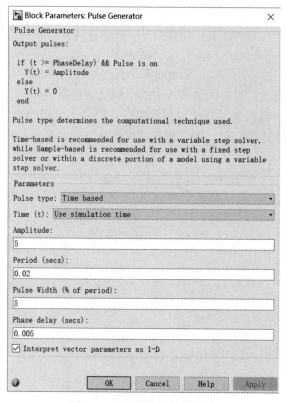

图 9.6 脉冲触发器参数调整

(5) 点击 Simulink 仿真界面菜单栏中的运行按键 ▶ 后，双击示波器，可得输入侧的单相交流电压 u_2、电阻负载两端电压 u_d、晶闸管两端电压 u_{VT} 的波形，如图 9.7 所示，验证了理论分析部分所得的波形。

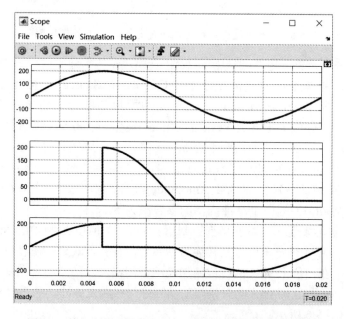

图 9.7 单相半波可控整流电路(带电阻负载)仿真输出波形

【思考题】 将单相半波可控整流电路(带电阻负载)中晶闸管的控制角调整为 60°，其他元件属性不变，电阻负载上的电压波形、晶闸管两端的电压波形会发生哪些变化？请在做理论分析后，用仿真软件进行验证。

9.1.3　单相半波可控整流电路(带电阻电感负载)虚拟仿真

单相半波可控整流电路(带电阻电感负载)仿真过程如下：

(1) 启动 Simulink 仿真界面，单击仿真界面菜单栏中的"Simulink Library Browser"按键，打开"Simulink Library Browser"仿真模型库。

(2) 在"Simulink Library Browser"仿真模型库中搜寻单相交流电压源、电阻电感负载、晶闸管、脉冲触发器、电压测量仪、示波器、电力系统仿真等几个模块，在仿真模型库左上角的搜索栏输入与之对应的英文名称进行搜索，元件对应的英文名称分别为 AC Voltage Source、Series RLC Branch、Thyristor、Pulse Generator、Voltage Measurement、Scope、powergui。将这些元件从"Simulink Library Browser"仿真模型库界面拖动至 Simulink 仿真界面。

(3) 上述元件放置完成后，双击 Simulink 仿真界面中的 Series RLC Branch 模块，将负载调整为电阻电感负载 RL，同时将示波器的输入端口数量改为 3，方便观测元件的电压。连线搭建仿真模型，在搭建过程中，调整相关元件模块方向，最终连线搭建完成的电路模型如图 9.8 所示。

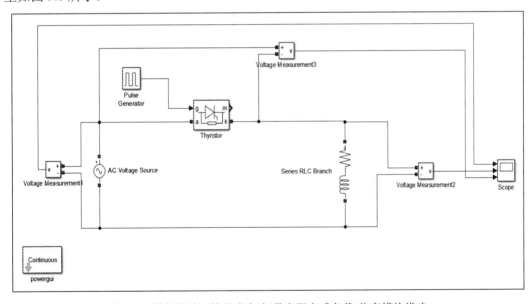

图 9.8　单相半波可控整流电路(带电阻电感负载)仿真模块搭建

(4) 单相半波可控整流电路(带电阻电感负载)仿真模块结构搭建完成后，调整相关元器件参数。本次仿真元件参数与 9.1.2 节中单相半波可控整流电路(带电阻负载)仿真参数基本一致，唯一的区别是在本次带电阻电感负载电路的仿真中，电感的参数取值调整为 0.02 H。

(5) 点击 Simulink 仿真界面菜单栏中的运行按键后，双击示波器，可得输入侧的单相交流电压 u_2、电阻电感负载两端电压 u_d、晶闸管两端电压 u_{VT} 的波形，如图 9.9 所示，超过 180° 后由于电感续流，所以晶闸管仍旧导通，验证了理论分析部分所得的波形。

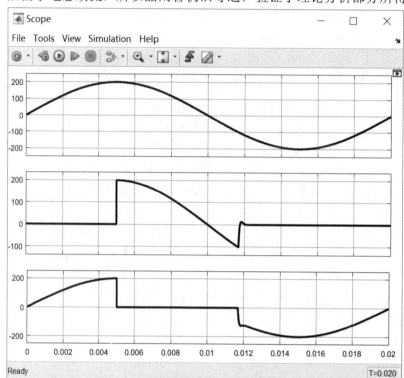

图 9.9　单相半波可控整流电路(带电阻电感负载)仿真输出波形

【思考题】　将单相半波可控整流电路(带电阻电感负载)中晶闸管的控制角调整为 30°，其他元件属性不变，电阻电感负载上的电压波形、晶闸管两端的电压波形会发生哪些变化？请在做理论分析后，用仿真软件进行验证。

9.2　单相桥式整流电路虚拟仿真

本节对单相桥式整流电路进行虚拟仿真，主要电路有单相桥式不可控整流电路、单相桥式全控整流电路(带电阻负载)、单相桥式全控整流电路(带电阻电感负载)三种。

9.2.1　单相桥式不可控整流电路虚拟仿真

单相桥式不可控整流电路仿真过程如下：

(1) 启动 Simulink 仿真界面，同时打开“Simulink Library Browser”仿真模型库。

(2) 在“Simulink Library Browser”仿真模型库中搜寻单相交流电压源、电阻负载、二极管(4 个)、电压测量仪(2 个)、示波器(将输入端口改为 2 个)、电力系统仿真等几个模块，将这些元件从“Simulink Library Browser”仿真模型库界面拖动至 Simulink 仿真界面并连线，最终搭建完成的电路模型如图 9.10 所示。

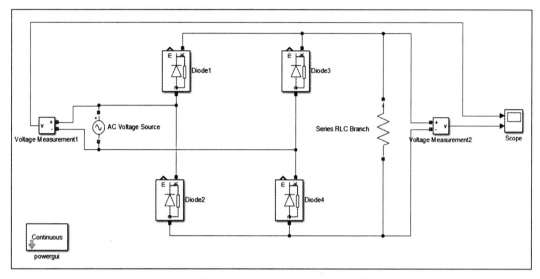

图 9.10　单相桥式不可控整流电路仿真模块搭建

(3) 单相桥式不可控整流电路仿真模块结构搭建完成后，调整相关元器件参数。将单相交流电压源(AC Voltage Source)中的峰值电压参数(Peak amplitude)调整为 200 V，频率参数(Frequency)改为 50 Hz；Simulink 仿真界面菜单栏中的仿真时间调整为 0.02 s；电阻负载 R 的阻值调整为 20 Ω。

(4) 点击 Simulink 仿真界面菜单栏中的运行按键 ▶ 后，双击示波器，可得输入侧的单相交流电压 u_2、电阻负载两端电压 u_d 波形，如图 9.11 所示，验证了理论分析部分所得的波形。

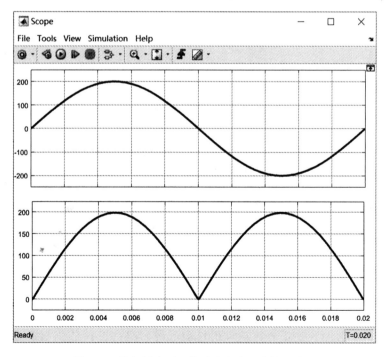

图 9.11　单相桥式不可控整流电路仿真输出波形

【思考题】 本节验证了单相桥式不可控整流电路电阻负载两端电压 u_d 的波形，试分别分析二极管 VD$_1$、VD$_2$、VD$_3$、VD$_4$ 两端的电压波形，并在做理论分析后，用仿真软件进行验证。

9.2.2　单相桥式全控整流电路(带电阻负载)虚拟仿真

单相桥式全控整流电路(带电阻负载)仿真过程如下：

(1) 启动 Simulink 仿真界面，同时打开 "Simulink Library Browser" 仿真模型库。

(2) 在 "Simulink Library Browser" 仿真模型库中搜寻单相交流电压源、电阻负载、晶闸管(4个)、脉冲触发器(4个)、电压测量仪(2个)、示波器(接入端口数量调整为2个)、电力系统仿真等几个模块，将这些元件从 "Simulink Library Browser" 仿真模型库界面拖动至 Simulink 仿真界面并连线，最终搭建完成的电路模型如图 9.12 所示。

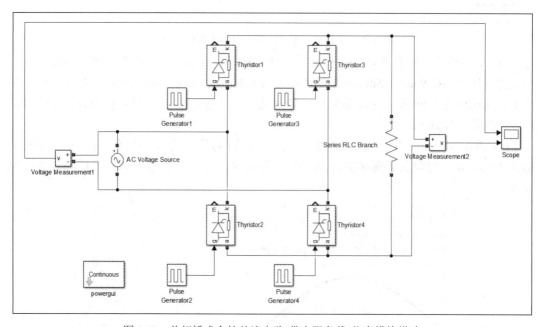

图 9.12　单相桥式全控整流电路(带电阻负载)仿真模块搭建

(3) 单相桥式全控整流电路(带电阻负载)仿真模块结构搭建完成后，调整相关元件参数。将单相交流电压源(AC Voltage Source)中的峰值电压参数(Peak amplitude)调整为 100 V，频率参数(Frequency)改为 50 Hz；观测一个周期的波形，将仿真时间调整为 0.02 s；电阻负载 R 的阻值调整为 1 Ω。4 个脉冲触发器(Pulse Generator)中的脉冲幅值参数(Amplitude)均改为 10 V，脉冲周期(Period)改为 0.02 s，脉冲宽度(Pulse Width)占据一个脉冲周期的参数改为 5%，而 4 个晶闸管的 Phase delay 参数则需要进行计算。本次仿真控制角 $\alpha = 90°$，在 90° 的时刻，晶闸管 VT$_1$、VT$_4$ 的门极触发脉冲到来，在 270° 的时刻，晶闸管 VT$_2$、VT$_3$ 的门极触发脉冲到来，将角度单位(一个周期 360°)的门极触发脉冲参数换算到时间单位(一个周期 0.02 s)可得，VT$_1$、VT$_4$ 的门极触发脉冲在 0.005 s 的时刻施加，VT$_2$、VT$_3$ 的门极触发脉冲在 0.015 s 的时刻施加。仿真界面中，需要将 VT$_1$、VT$_4$ 的脉冲触发器(Pulse Generator1、Pulse Generator4)的 Phase delay 参数调整为 0.005 s，将 VT$_2$、VT$_3$ 的脉冲触发器(Pulse Generator2、Pulse Generator3)的 Phase delay 参数调整为 0.015 s。

(4) 点击 Simulink 仿真界面菜单栏中的运行按键⊙后，双击示波器，可得输入侧的单相交流电压 u_2、电阻负载两端电压 u_d 波形，如图 9.13 所示，验证了理论分析部分所得的波形。

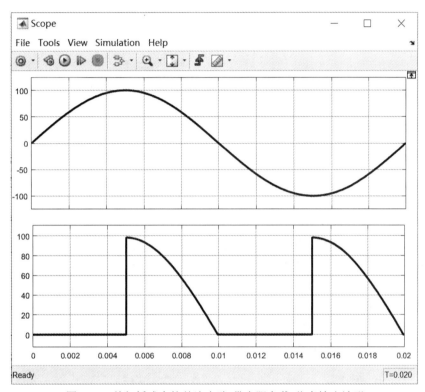

图 9.13 单相桥式全控整流电路(带电阻负载)仿真输出波形

【思考题】 将单相桥式全控整流电路(带电阻负载)中晶闸管的控制角调整为 45°，其他元件参数不变，电阻负载上的电压波形、晶闸管两端的电压波形会发生哪些变化？请在做理论分析后，用仿真软件进行验证。

9.2.3 单相桥式全控整流电路(带电阻电感负载)虚拟仿真

单相桥式全控整流电路(带电阻电感负载)仿真过程如下：

(1) 启动 Simulink 仿真界面，打开 "Simulink Library Browser" 仿真模型库。

(2) 在 "Simulink Library Browser" 仿真模型库中搜寻单相交流电压源、电阻电感负载、晶闸管(4 个)、脉冲触发器(4 个)、电压测量仪(2 个)、示波器(接入端口数量改为 2)、电力系统仿真等几个模块，将这些元件从 "Simulink Library Browser" 仿真模型库界面拖动至 Simulink 仿真界面。连线搭建仿真模型，在搭建过程中，调整相关元件模块方向，最终连线搭建完成的电路模型如图 9.14 所示。

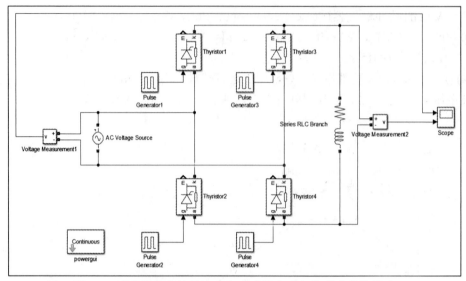

图 9.14　单相桥式全控整流电路(带电阻电感负载)仿真模块搭建

(3) 单相桥式全控整流电路(带电阻电感负载)仿真模块结构搭建完成后,调整相关元器件参数。本次仿真元件参数与单相桥式全控整流电路(带电阻负载)仿真参数基本一致,区别是在本次带电阻电感负载电路的仿真中,电感的参数取值调整为 0.5 H。同时由于带电阻电感负载电流会续流,仅仅观察一个周期无法得到所有的波形,所以本次仿真观察两个周期,将 Simulink 仿真界面菜单栏中的仿真运行时间调整为 0.04 s。

(4) 点击 Simulink 仿真界面菜单栏中的运行按键 ▶ 后,双击示波器,可得输入侧的单相交流电压 u_2、电阻电感负载两端电压 u_d 波形,如图 9.15 所示,超过 $180°$ 后由于电感续流,所以晶闸管 VT_1 和 VT_4 仍旧导通,直至晶闸管 VT_2、VT_3 的门极触发脉冲到来才停止导通,验证了理论分析部分所得的波形。

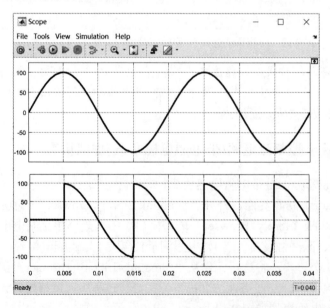

图 9.15　单相桥式全控整流电路(带电阻电感负载)仿真输出波形

【思考题】

(1) 试绘制单相桥式全控整流电路(带电阻电感负载)一个周期内晶闸管 VT_1、VT_2、VT_3、VT_4 两端的电压波形，并分析 VT_1 和 VT_4 两端电压波形的关系以及 VT_2 和 VT_3 两端电压波形的关系。在进行理论分析后，用仿真软件进行验证。

(2) 将单相桥式全控整流电路(带电阻电感负载)中晶闸管的控制角调整为 30°，其他元件参数不变，电阻电感负载上的电压波形会发生哪些变化？请在进行理论分析后，用仿真软件进行验证。

9.3 单相全波整流电路虚拟仿真

本节对单相全波整流电路进行虚拟仿真，主要电路有单相全波不可控整流电路、单相全波可控整流电路(带电阻负载)、单相全波可控整流电路(带电阻电感负载)三种。

9.3.1 单相全波不可控整流电路虚拟仿真

单相全波不可控整流电路仿真过程如下：

(1) 启动 Simulink 仿真界面，打开"Simulink Library Browser"仿真模型库。

(2) 在"Simulink Library Browser"仿真模型库中搜寻单相交流电压源、变压器(Linear Transformer)、电阻负载、二极管(2 个)、电压测量仪(2 个)、示波器(接入端口数量调整为 2 个)、电力系统仿真等几个模块，将这些元件从"Simulink Library Browser"仿真模型库界面拖动至 Simulink 仿真界面并连线，最终搭建完成的电路模型如图 9.16 所示。

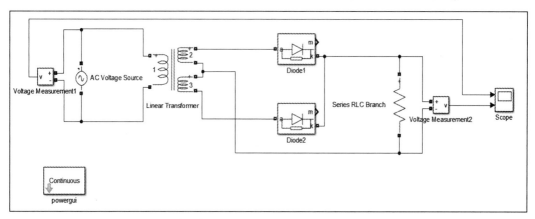

图 9.16 单相全波不可控整流电路仿真模块搭建

(3) 单相全波不可控整流电路仿真模块搭建完成后，调整相应模块的参数。将单相交流电压源的峰值电压调整为 100 V，频率调整为 50 Hz；Simulink 仿真界面的仿真时间调整为 0.02 s；电阻负载阻值调整为 1 Ω；变压器(Linear Transformer)的功率和频率参数(Nominal power and frequency)中将频率调整为 50 Hz，为将变压器设置为理想变压器需将 Winding 1 parameters 和 Winding 2 parameters 中的 R1、L1、R2、L2 参数均调整为 0，Magnetization resistance and inductance 中的 Rm、Lm 均调整为 inf，如图 9.17 所示。

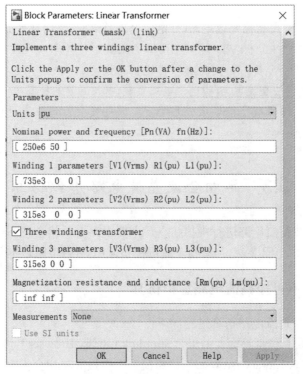

图 9.17　变压器参数调整

（4）点击 Simulink 仿真界面菜单栏中的运行按键 ▶ 后，双击示波器，可得输入侧的单相交流电压 u_2、电阻负载两端电压 u_d 波形，如图 9.18 所示，验证了理论分析部分所得的波形。

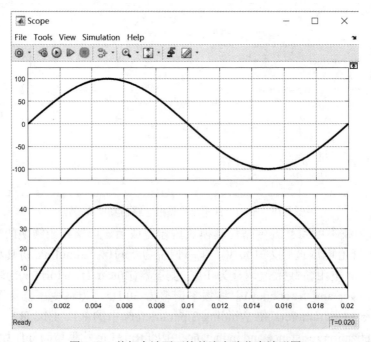

图 9.18　单相全波不可控整流电路仿真波形图

9.3.2　单相全波可控整流电路(带电阻负载)虚拟仿真

单相全波可控整流电路(带电阻负载)仿真过程如下:

(1) 启动 Simulink 仿真界面,打开"Simulink Library Browser"仿真模型库,搜索以下元件并拖动至 Simulink 仿真界面:单相交流电压源、变压器、电阻负载、晶闸管(2 个)、脉冲触发器(2 个)、电压测量仪(2 个)、示波器(接入端口数量调整为 2 个)、电力系统仿真。元件放置完成后,连线搭建仿真模型,最终连线搭建完成的电路模型如图 9.19 所示。

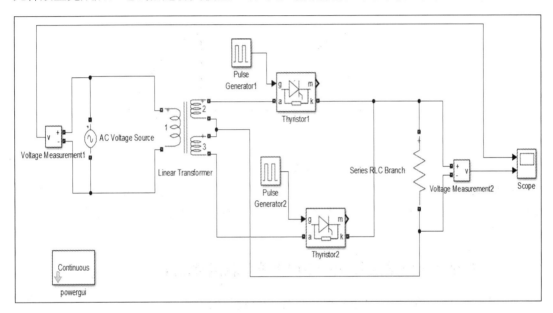

图 9.19　单相全波可控整流电路(带电阻负载)仿真模块搭建

(2) 单相全波可控整流电路(带电阻负载)仿真模块搭建完成后,调整相应模块的参数。单相交流电压源、Simulink 仿真界面的仿真时间、电阻负载、变压器参数与单相全波不可控整流电路中的参数设置一致。唯一的区别是需要调整 2 个晶闸管脉冲触发器的参数,将 2 个脉冲触发器中的脉冲幅值参数(Amplitude)均调整为 10,脉冲周期(Period)均调整为 0.02,脉冲宽度(Pulse Width)均调整为 5%,两者的脉冲施加相位(Phase delay)参数则存在一定区别,需要进行计算。当控制角 α 取 90° 时,VT_1 的门极触发脉冲施加在相位 90° 的地方,将角度参数(一个周期 360°,在 90° 施加门极触发脉冲)换算为时间参数(一个周期为 0.02 s),可得 VT_1 晶闸管的门极触发脉冲器的 Phase delay 参数应为 0.005 s;VT_2 的门极触发脉冲施加在相位 270° 的地方,将角度参数(一个周期 360°,在 270° 施加门极触发脉冲)换算为时间参数(一个周期为 0.02 s),可得 VT_2 晶闸管的门极触发脉冲器 Phase delay 参数应为 0.015 s。

(3) 点击 Simulink 仿真界面菜单栏中的运行按键 ▶ 后,双击示波器,可得输入侧的单相交流电压 u_2、电阻负载两端电压 u_d 波形,如图 9.20 所示,验证了理论分析部分所得的波形。

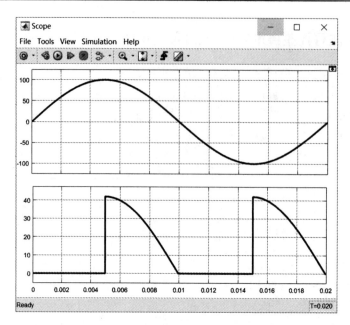

图 9.20　单相全波可控整流电路(带电阻负载)仿真波形图

【思考题】　当单相全波可控整流电路(带电阻负载)控制角 α 取 30°时，计算 VT_1、VT_2 的门极触发脉冲分别施加在相位上多少度，试绘制电阻负载两端的电压波形，并使用仿真软件进行验证。

9.3.3　单相全波可控整流电路(带电阻电感负载)虚拟仿真

单相全波可控整流电路(带电阻电感负载)仿真过程如下：

(1) 启动 Simulink 仿真界面，打开"Simulink Library Browser"仿真模型库，搜索以下元件并拖动至 Simulink 仿真界面：单相交流电压源、变压器、电阻电感负载、晶闸管(2 个)、脉冲触发器(2 个)、电压测量仪(2 个)、示波器(接入端口数量调整为 2 个)、电力系统仿真等几个模块。元件放置完成后，连线搭建电路，最终连线搭建完成的电路模型如图 9.21 所示。

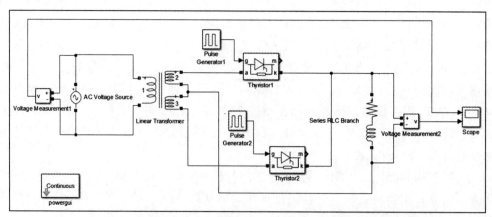

图 9.21　单相全波可控整流电路(带电阻电感负载)仿真模块搭建

(2) 单相全波可控整流电路(带电阻电感负载)仿真模块搭建完成后,调整相应模块的参数,本次仿真元件参数与单相全波可控整流电路(带电阻负载)中的参数设置基本一致。区别是负载中电感的参数调整为 2 H;Simulink 界面中仿真运行时间调整为 0.04 s,因为带电阻电感负载时,仅仅观测一个周期无法得出电路稳定工作的波形,因此这里观测两个周期。

(3) 点击 Simulink 仿真界面菜单栏中的运行按键 ▶ 后,双击示波器,可得输入侧的单相交流电压 u_2、电阻电感负载两端电压 u_d 波形,如图 9.22 所示,验证了理论分析部分所得的波形。

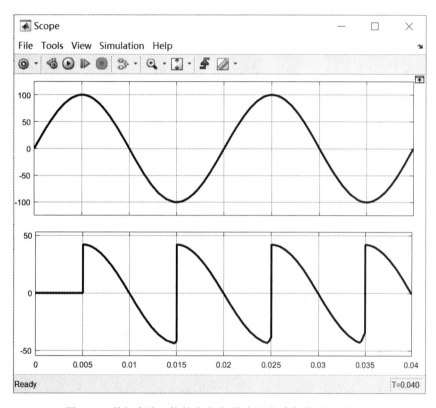

图 9.22　单相全波可控整流电路(带电阻电感负载)仿真波形图

9.4　单相桥式半控整流电路虚拟仿真

本节对单相桥式半控整流电路进行虚拟仿真,主要电路有单相桥式半控整流电路(带电阻负载)、单相桥式半控整流电路(带电阻电感负载)、单相桥式半控整流电路(带电阻电感负载并联二极管)三种。

9.4.1　单相桥式半控整流电路(带电阻负载)虚拟仿真

单相桥式半控整流电路(带电阻负载)仿真过程如下:

(1) 启动 Simulink 仿真界面,单击仿真界面菜单栏中的 "Simulink Library Browser" 按

键，打开"Simulink Library Browser"仿真模型库。

(2) 在"Simulink Library Browser"仿真模型库中搜寻单相交流电压源、电阻负载、晶闸管(2 个)、二极管(2 个)、脉冲触发器(2 个)、电压测量仪、示波器、电力系统仿真等几个模块，将这些元件从"Simulink Library Browser"仿真模型库界面拖动至 Simulink 仿真界面。元件放置完成后，连线搭建模型，最终连线搭建完成的电路模型如图 9.23 所示。

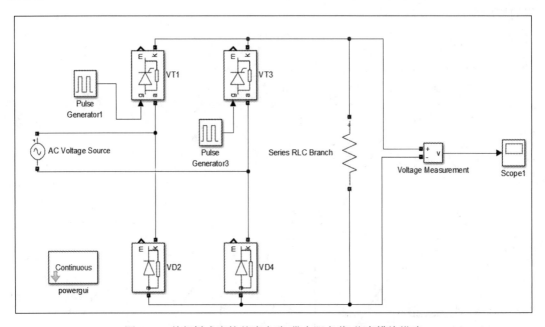

图 9.23　单相桥式半控整流电路(带电阻负载)仿真模块搭建

(3) 单相桥式半控整流电路(带电阻负载)仿真模块结构搭建完成后，调整相关元器件参数。将单相交流电压源(AC Voltage Source)中的峰值电压参数(Peak amplitude)调整为 100 V，频率参数(Frequency)改为 50 Hz；观测一个周期的波形，将仿真时间调整为 0.02 s；电阻负载 R 的阻值调整为 1 Ω。2 个脉冲触发器(Pulse Generator)中的脉冲幅值参数(Amplitude)均改为 10 V，脉冲周期(Period)改为 0.02 s，脉冲宽度(Pulse Width)占据一个脉冲周期的参数改为 5%，而 2 个晶闸管的 Phase delay 参数则需要进行计算，本次仿真控制角 $\alpha = 60°$，在 60° 的时刻，晶闸管 VT_1 的门极触发脉冲到来，在 240° 的时刻，晶闸管 VT_3 的门极触发脉冲到来，将角度单位(一个周期 360°)的门极触发脉冲参数换算到时间单位(一个周期 0.02 s)可得，VT_1 的门极触发脉冲在 1/300 s 处施加、VT_3 的门极触发脉冲在 1/75 s 处施加，将 VT_1、VT_3 的脉冲触发器(Pulse Generator1、Pulse Generator3)中的 Phase delay 参数分别调整为 1/300 s、1/75 s。

(4) 点击 Simulink 仿真界面菜单栏中的运行按键 ▷ 后，双击示波器，可得电阻负载两端电压 u_d 波形，如图 9.24 所示，验证了理论分析部分所得的波形。

【思考题】试模拟仿真当控制角取值为 90° 时，单相桥式半控整流电路(带电阻负载)R 两端电压 u_d 的波形。

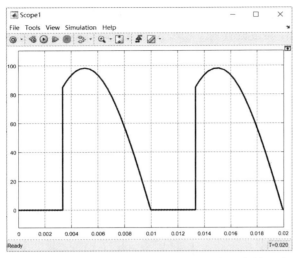

图 9.24 单相桥式半控整流电路(带电阻负载)仿真输出波形

9.4.2 单相桥式半控整流电路(带电阻电感负载)虚拟仿真

单相桥式半控整流电路(带电阻电感负载)仿真过程如下：

(1) 启动 Simulink 仿真界面，单击仿真界面菜单栏中的"Simulink Library Browser"按键，打开"Simulink Library Browser"仿真模型库。

(2) 在"Simulink Library Browser"仿真模型库中搜寻单相交流电压源、电阻电感负载、晶闸管(2 个)、二极管(2 个)、脉冲触发器(2 个)、电压测量仪、示波器、电力系统仿真等几个模块，将这些元件从"Simulink Library Browser"仿真模型库界面拖动至 Simulink 仿真界面。元件放置完成后，连线搭建模型，最终连线搭建完成的电路模型如图 9.25 所示。

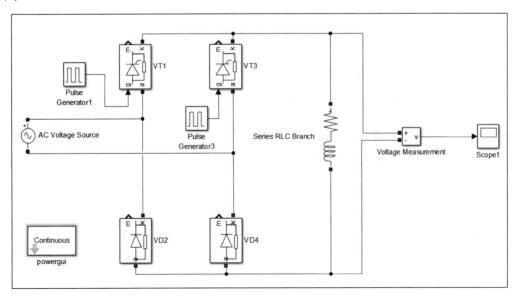

图 9.25 单相桥式半控整流电路(带电阻电感负载)仿真模块搭建

(3) 单相桥式半控整流电路(带电阻电感负载)仿真模块结构搭建完成后,调整相关元器件参数,本次仿真元件参数设置与单相桥式半控整流电路(带电阻负载)的基本一致。区别是将电阻负载替换为电阻电感负载,R 负载取值 1 Ω,L 负载取值 0.01 H;Simulink 仿真界面运行时间调整为 0.04 s。

(4) 点击 Simulink 仿真界面菜单栏中的运行按键 ▶ 后,双击示波器,可得电阻电感负载两端电压 u_d 波形,如图 9.26 所示,验证了理论分析部分所得的波形。

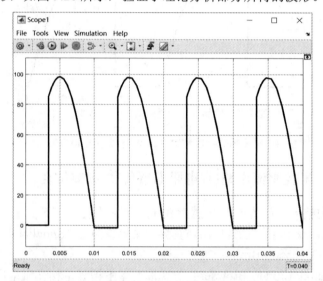

图 9.26　单相桥式半控整流电路(带电阻电感负载)仿真输出波形

如在 2.4.2 节中介绍的,当单相桥式半控整流电路(带电阻电感负载)中晶闸管 VT_1 的门极触发脉冲丢失时,如图 9.27(a)所示,会导致失控的情况发生,负载上输出波形会变为正弦半波,如图 9.27(b)所示。因此为了避免此种情况发生,需要在电阻电感负载 RL 两端并联一个续流二极管,该电路在 9.4.3 节中进行仿真。

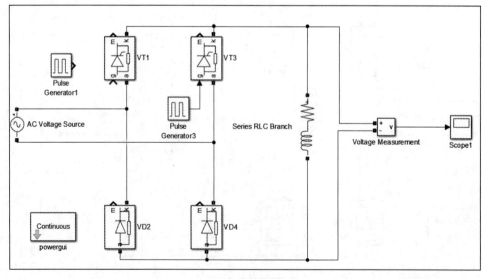

(a) 电路结构图

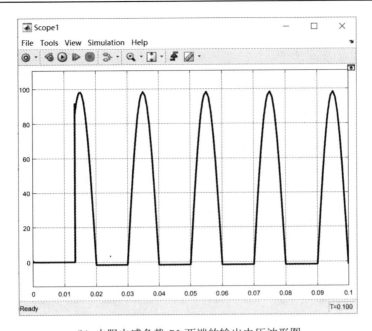

(b) 电阻电感负载 *RL* 两端的输出电压波形图

图 9.27   单相桥式半控整流电路(带电阻电感负载)失控情况

9.4.3   单相桥式半控整流电路(带电阻电感负载并联二极管)虚拟仿真

根据 9.4.2 节分析可知，在单相桥式半控整流电路(带电阻电感负载)*RL* 两端并联一个续流二极管，即可避免电路失控情况的发生，模拟仿真电路搭建如图 9.28(a)所示，本次仿真元件参数和 9.4.2 节中的参数设置保持一致，电路正常工作时的波形如图 9.28(b)所示。该仿真运行时间为 0.1 s，可以观察到在 0.1 s 内输出波形一共有 10 个(即一个周期 0.02 s 内有两次波形脉动)。

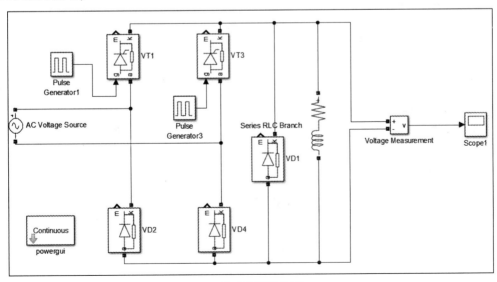

(a) 仿真电路结构图

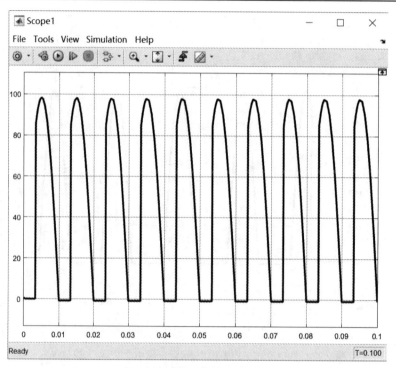

(b) 电路正常工作输出波形图

图 9.28　单相桥式半控整流电路(带电阻电感负载并联二极管)仿真图

现将晶闸管 VT_1 的触发脉冲连线去掉，即仿真 VT_1 没有门极触发脉冲的时刻，如图 9.29(a)所示，该仿真运行时间为 0.1 s，可以观察输出波形如图 9.29(b)所示，在 0.1 s 内输出波形一共有 5 个(即一个周期 0.02 s 内有 1 次波形脉动)。这时电路并未发生两个二极管轮流导通的失控情况。由此，可以证明当在电路两端反向并联二极管时，能够避免电路失控。

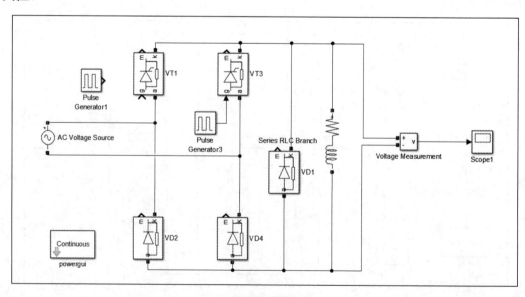

(a) 仿真电路结构图

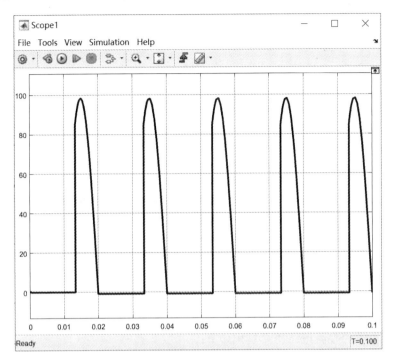

(b) 电路工作输出波形图

图 9.29 门极触发脉冲消失的模拟仿真电路图

【思考题】 试分析在单相桥式半控整流电路(带电阻电感负载)*RL* 两端并联一个续流二极管，即可避免电路失控情况的发生。

习　　题

1. 使用仿真软件绘制如图 9.2 所示的单相半波不可控整流电路，将输入电压峰值调为 500 V，频率设置为 50 Hz，电阻阻值调为 50 Ω，运行并观测两个周期内电阻负载两端的电压波形、二极管两端的电压波形。

2. 使用仿真软件绘制如图 9.5 所示的单相半波可控整流电路(带电阻负载)，各元件参数参照 9.1.2 节，仅调节控制角度为 0°，运行并观测两个周期内电阻负载两端的电压波形、晶闸管两端的电压波形。

3. 使用仿真软件绘制如图 9.12 所示的单相桥式全控整流电路(带电阻负载)，各元件参数参照 9.2.2 节，仅调节控制角度为 0°，运行并观测两个周期内电阻负载两端的电压波形、晶闸管 VT_1 两端的电压波形。

4. 使用仿真软件绘制如图 9.14 所示的单相桥式全控整流电路(带电阻电感负载)，各元件参数参照 9.2.3 节，仅调节控制角度为 45°，运行并观测三个周期内负载两端的电压波形、4 个晶闸管两端的电压波形。

第 10 章　　三相整流电路虚拟仿真

10.1　三相半波整流电路虚拟仿真

本节对三相半波整流电路进行虚拟仿真，主要电路有三相半波不可控整流电路、三相半波可控整流电路(带电阻负载)、三相半波可控整流电路(带电阻电感负载)三种类型。

10.1.1　三相半波不可控整流电路虚拟仿真

三相半波不可控整流电路仿真过程如下：

(1) 启动 Simulink 仿真界面，打开"Simulink Library Browser"仿真模型库。

(2) 在"Simulink Library Browser"仿真模型库中搜索单相交流电压源(AC Voltage Source)、二极管(Diode)、电阻负载(Series RLC Branch)、电压测量仪(Voltage Measurement)、电流测量仪(Current Measurement)、示波器(Scope，接入端口数量调整为 3 个，便于测量电阻负载 R 两端电压 u_d、流过二极管 VD_1 的电流 i_{VD1} 以及二极管 VD_1 两端的电压 u_{VD1} 的波形情况)、电力系统仿真(Powergui)，并连线搭建电路，如图 10.1 所示。

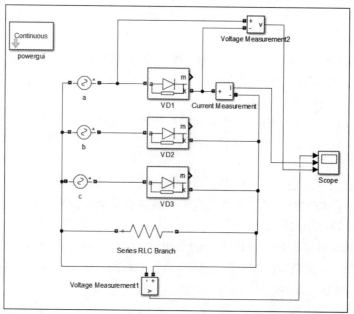

图 10.1　三相半波不可控整流电路(共阴极接法)仿真模块搭建

需要注意的是，在放置 3 个单相交流电压源(AC Voltage Source)的时候，注意+端口的方向，否则仿真得出的波形会出现异常。

(3) 三相半波不可控整流电路(共阴极接法)仿真模块搭建完成后，调整相应模块的参数。3 个单相交流电压源(AC Voltage Source)分别代表 a 相、b 相、c 相三相交流电，其幅值均调整为 100 V，频率调整为 50 Hz，a 相交流电压源的起始相位 Phase 参数调整为 0°，b 相交流电压源的起始相位 Phase 参数调整为 −120°，c 相交流电压源的起始相位 Phase 参数调整为 −240°。电阻负载阻值调整为 1 Ω。Simulink 仿真界面中的运行时间调整为 0.1 s。

(4) 点击 Simulink 仿真界面菜单栏中的运行按键 ⏵，双击示波器，可得电阻负载 R 两端电压 u_d、流过二极管 VD_1 的电流 i_{VD1} 以及二极管 VD_1 两端的电压 u_{VD1} 的波形，如图 10.2 所示，验证了理论分析部分所得的波形。

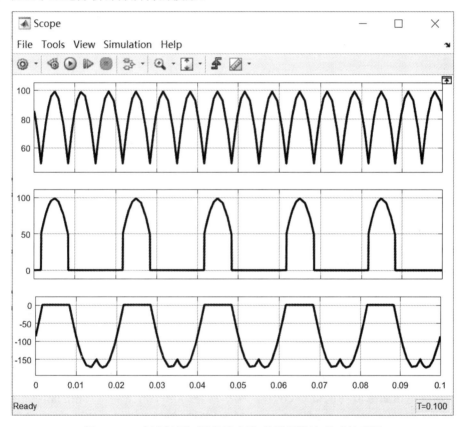

图 10.2　三相半波不可控整流电路(共阴极接法)仿真波形图

【思考题】　试仿真得出三相半波不可控整流电路(共阳极接法)中电阻负载 R 两端电压 u_d，流过二极管 VD_1 的电流 i_{VD1}，二极管 VD_1、VD_2、VD_3 两端电压 u_{VD1}、u_{VD2}、u_{VD3} 的波形。

10.1.2　三相半波可控整流电路(带电阻负载)虚拟仿真

三相半波可控整流电路(带电阻负载)仿真过程如下：

(1) 启动 Simulink 仿真界面，打开"Simulink Library Browser"仿真模型库，搜索单

相交流电压源(AC Voltage Source)、晶闸管(Thyristor)、脉冲触发器(Pulse Generator)、电阻负载(Series RLC Branch)、电压测量仪(Voltage Measurement)、电流测量仪(Current Measurement)、示波器(Scope，接入端口数量调整为 3 个)、电力系统仿真(Powergui)，将元件拖动至 Simulink 仿真界面后连线搭建电路，如图 10.3 所示。

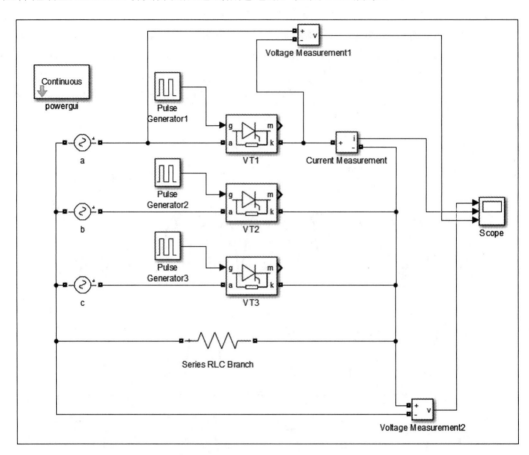

图 10.3　三相半波可控整流电路(带电阻负载)仿真模块搭建

(2) 三相半波可控整流电路(带电阻负载)仿真模块搭建完成后，调整相应模块的参数。3 个单相交流电压源幅值均调整为 200 V，频率调整为 50 Hz，a、b、c 相的起始相位 Phase 分别调整为 0°、−120°、−240°。3 个晶闸管的脉冲触发器(Pulse Generator)的脉冲幅值(Amplitude)设置为 1 V，周期(Period)设置为 0.02 s，Pulse Width 设置为 5%，Phase delay 参数需要进行换算。已知当控制角取值为 30° 时，VT_1 的门极触发脉冲施加在 60° 处，VT_2 的门极触发脉冲施加在 180° 处，VT_3 的门极触发脉冲施加在 300° 处，换算到以秒为单位的区间可得(一个周期对应时间为 0.02 s)，VT_1 的门极触发脉冲施加在 1/300 s 处，VT_2 的门极触发脉冲施加在 0.01 s 处，VT_3 的门极触发脉冲施加在 1/60 s 处。电阻负载阻值调整为 5 Ω。Simulink 仿真界面中的运行时间调整为 0.1 s。

(3) 点击 Simulink 仿真界面菜单栏中的运行按键 ▶，双击示波器，可得电阻负载 R 两端电压 u_d、流过晶闸管 VT_1 的电流 i_{VT1} 以及晶闸管 VT_1 两端的电压 u_{VT1} 的波形，如图 10.4

所示，验证了理论分析部分所得的波形。

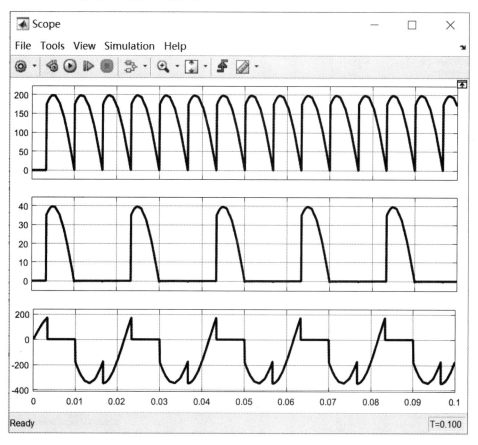

图 10.4 三相半波可控整流电路(带电阻负载)仿真波形图

【思考题】 (1) 当三相半波可控整流电路(带电阻负载)控制角 α 取值为 60° 时，试对 u_d、i_{VT1}、u_{VT1} 的波形进行仿真。

(2) 当三相半波可控整流电路(带电阻负载)控制角 α 取值为 90° 时，试对 u_d、i_{VT1}、u_{VT1} 的波形进行仿真。

10.1.3 三相半波可控整流电路(带电阻电感负载)虚拟仿真

三相半波可控整流电路(带电阻电感负载)仿真过程如下：

(1) 启动 Simulink 仿真界面，打开"Simulink Library Browser"仿真模型库。

(2) 在"Simulink Library Browser"仿真模型库搜索单相交流电压源(AC Voltage Source)、晶闸管(Thyristor)、脉冲触发器(Pulse Generator)、电阻电感负载(Series RLC Branch)、电压测量仪(Voltage Measurement)、电流测量仪(Current Measurement)、示波器(Scope，接入端口数量调整为 3 个)、电力系统仿真(Powergui)，将元件拖动至 Simulink 仿真界面并搭建仿真电路，如图 10.5 所示。在放置 3 个单相交流电压源(AC Voltage Source)时，需注意图形中+的方向，否则本次仿真产生的输出电压会有误。

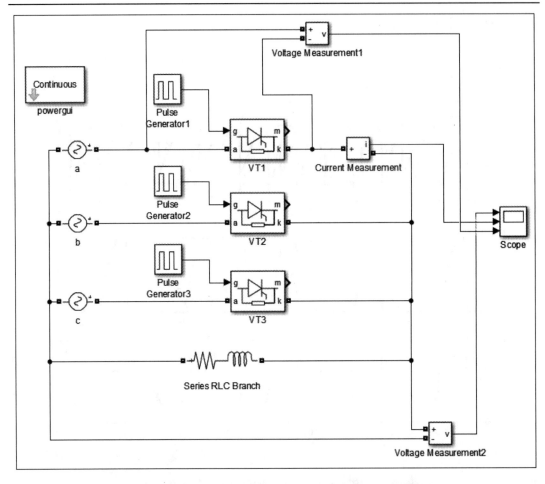

图 10.5　三相半波可控整流电路(带电阻电感负载)仿真模块搭建

(3) 三相半波可控整流电路(带电阻电感负载)仿真模块搭建完成后,调整相应模块的参数。本电路中单相交流电压源(AC Voltage Source)的参数和 10.1.2 节三相半波可控整流电路(带电阻负载)中的参数设置保持一致。脉冲触发器(Pulse Generator)的脉冲幅值(Amplitude)设置为 2 V,周期(Period)设置为 0.02 s,Pulse Width 设置为 5%,对 Phase delay 参数进行换算。当控制角取值为 60° 时,VT_1 的门极触发脉冲施加在 90° 处,VT_2 的门极触发脉冲施加在 210° 处,VT_3 的门极触发脉冲施加在 330° 处,换算到以秒为单位的区间可得,VT_1 的门极触发脉冲施加在 0.005 s 处,VT_2 的门极触发脉冲施加在 7/600 s 处,VT_3 的门极触发脉冲施加在 11/600 s 处。负载改为电阻电感 RL,电阻 R 的取值调整为 5 Ω,电感 L 的取值调整为 0.02 H。Simulink 仿真界面中的运行时间调整为 0.1 s。

(4) 点击 Simulink 仿真界面菜单栏中的运行按键⊙,双击示波器,即可得到电路在稳定工作一段时间后,电阻电感负载 RL 两端电压 u_d、流过晶闸管 VT_1 的电流 i_{VT_1}、晶闸管 VT_1 两端电压 u_{VT_1} 的波形,如图 10.6 所示。由于在进行理论分析的时候,假设电感 L 非常大,起到理想情况下的平波作用,因此得到的流过晶闸管 VT_1 电流的波形较为平直,但是在电路实际运行中,电感 L 无法保证为无穷大,因此仿真得出的电流波形有一定幅度的波动。

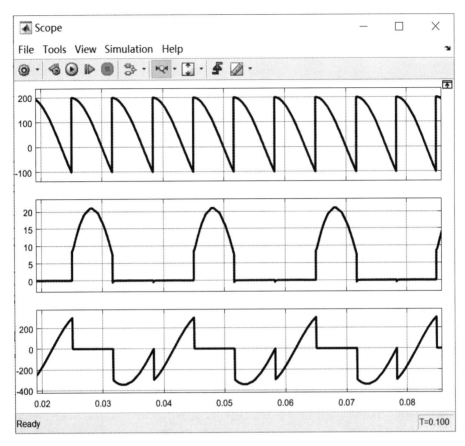

图 10.6 三相半波可控整流电路(带电阻电感负载)仿真波形图

【思考题】 试仿真当三相半波可控整流电路(带电阻电感负载)控制角 α 取值为 90° 时 u_d 的波形。

10.2 三相桥式整流电路虚拟仿真

本节对三相桥式整流电路进行虚拟仿真,主要电路有三相桥式不可控整流电路、三相桥式全控整流电路(带电阻负载)、三相桥式全控整流电路(带电阻电感负载)三种类型。

10.2.1 三相桥式不可控整流电路虚拟仿真

三相桥式不可控整流电路仿真过程如下:

(1) 启动 Simulink 仿真界面,打开"Simulink Library Browser"仿真模型库,搜索单相交流电压源(AC Voltage Source)、二极管(Diode)、电阻负载(Series RLC Branch)、电压测量仪(Voltage Measurement)、电流测量仪(Current Measurement)、示波器(Scope,接入端口数量调整为 3 个)、电力系统仿真(Powergui),将元件拖动至 Simulink 仿真界面后连线搭建电路,如图 10.7 所示。

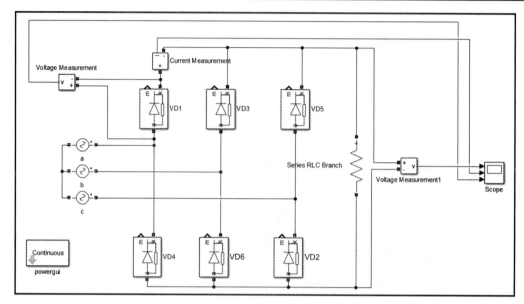

图 10.7　三相桥式不可控整流电路仿真模块搭建

(2) 三相桥式不可控整流电路仿真模块搭建完成后，调整相应模块的参数。3 个单相交流电压源(AC Voltage Source)幅值均调整为 100 V，频率调整为 50 Hz，a 相的起始相位 Phase 调整为 0°，b 相的 Phase 参数调整为 -120°，c 相的 Phase 参数调整为 -240°。电阻负载阻值调整为 1 Ω。Simulink 仿真界面中的运行时间调整为 0.1 s。

(3) 点击 Simulink 仿真界面菜单栏中的运行按键⏵，双击示波器，可得电阻负载 R 两端电压 u_d、流过二极管 VD_1 的电流 i_{VD1} 以及二极管 VD_1 两端的电压 u_{VD1} 的波形，如图 10.8 所示，验证了理论分析部分所得的波形。

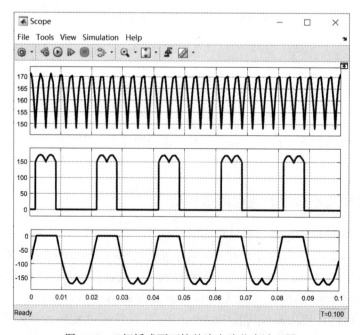

图 10.8　三相桥式不可控整流电路仿真波形图

【思考题】 使用仿真软件,分别观测三相桥式不可控整流电路6个二极管 VD_1~VD_6 两端的电压波形及流过这些二极管的电流波形。

10.2.2　三相桥式全控整流电路(带电阻负载)虚拟仿真

三相桥式全控整流电路(带电阻负载)仿真过程如下:

(1) 启动 Simulink 仿真界面,打开"Simulink Library Browser"仿真模型库。

(2) 在"Simulink Library Browser"仿真模型库中搜索单相交流电压源(AC Voltage Source)、晶闸管(Thyristor)、脉冲触发器(Pulse Generator)、电阻负载(Series RLC Branch)、电压测量仪(Voltage Measurement)、电流测量仪(Current Measurement)、示波器(Scope)、电力系统仿真(Powergui),将元件拖动至 Simulink 仿真界面后连线搭建电路,如图 10.9 所示。

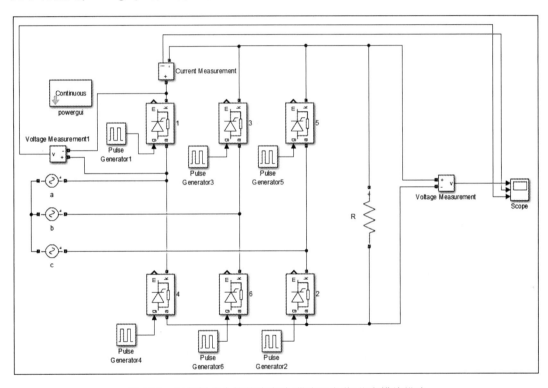

图 10.9　三相桥式全控整流电路(带电阻负载)仿真模块搭建

需要注意的是,在放置 3 个单相交流电压源(AC Voltage Source)时,要注意图形中+号的方向,否则仿真会失败。

(3) 三相桥式全控整流电路(带电阻负载)仿真模块搭建完成后,调整相应模块的参数。3 个单相交流电压源(AC Voltage Source)幅值均调整为 100 V,频率调整为 50 Hz,a 相的起始相位 Phase 调整为 0°,b 相的 Phase 参数调整为 -120°,c 相的 Phase 参数调整成为 -240°。电阻负载阻值调整为 1 Ω。Simulink 仿真界面中的运行时间调整为 0.05 s。6 个脉冲触发器(Pulse Generator)的脉冲幅值参数(Amplitude)调整为 10,周期参数(Period)调整为 0.02 s,脉冲占比(Pulse Width)调整为 50%,而 Phase delay 参数则需要进行换算,换算方式为:已知当控制角的取值为 30° 时,VT_1 的脉冲施加时刻为 60°、VT_2 的脉冲施加时刻为 120°、VT$_3$ 的脉冲施加时刻为 180°、VT$_4$ 的脉冲施加时刻为 240°、VT$_5$ 的脉冲施加时刻为 300°、VT$_6$ 的脉冲施加时刻为 0°，将以上相位换算至时间区间(即理论分析中的一个周期 360° 对应 MATLAB 仿真中的一个周期 0.02 s)，可得 VT$_1$ 的脉冲施加时刻为 1/300 s、VT$_2$ 的脉冲施加时刻为 1/150 s、VT$_3$ 的脉冲施加时刻为 0.01 s、VT$_4$ 的脉冲施加时刻为 1/75 s、VT$_5$ 的脉冲施加时刻为 1/60 s、VT$_6$ 的脉冲施加时刻为 0 s，将以上参数分别填入 6 个脉冲触发器(Pulse Generator)的 Phase delay 栏。

(4) 点击 Simulink 仿真界面菜单栏中的运行按键 ⊙，双击示波器，可得电阻负载 R 两端电压 u_d、流过晶闸管 VT1 的电流 i_{VT1} 以及晶闸管 VT$_1$ 两端的电压 u_{VT1} 的波形，如图 10.10 所示，验证了理论分析部分所得的波形。图 10.10 所示为电路从最开始关断状态到正常工作状态过程的波形，电路稳定工作后会不断重复 60° 后的波形。

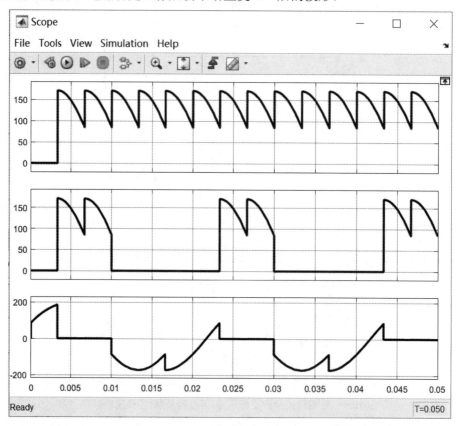

图 10.10　三相桥式全控整流电路(带电阻负载)仿真波形图

【思考题】　试模拟仿真当控制角取值为 60°、90° 时，三相桥式全控整流电路(带电阻负载)电阻负载两端电压 u_d、流过晶闸管 VT$_1$ 的电流 i_{VT1}、晶闸管 VT$_1$ 两端电压 u_{VT1} 的波形情况。同时分析 VT$_1$～VT$_6$ 中的电流波形。

10.2.3　三相桥式全控整流电路(带电阻电感负载)虚拟仿真

三相桥式全控整流电路(带电阻电感负载)仿真过程如下：

(1) 启动 Simulink 仿真界面，打开"Simulink Library Browser"仿真模型库，搜索单相

交流电压源(AC Voltage Source)、晶闸管(Thyristor)、脉冲触发器(Pulse Generator)、电阻电感负载(Series RLC Branch)、电压测量仪(Voltage Measurement)、示波器(Scope)、电力系统仿真(Powergui)，将元件拖动至 Simulink 仿真界面后连线搭建电路，如图 10.11 所示。

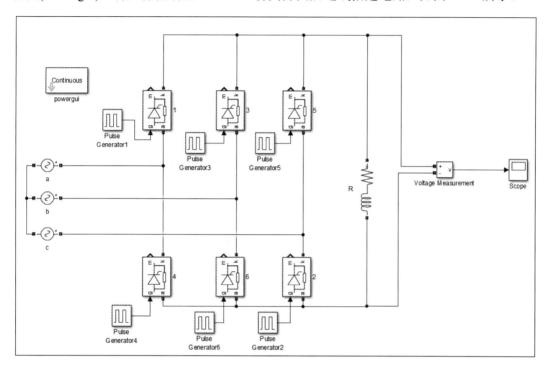

图 10.11　三相桥式全控整流电路(带电阻电感负载)仿真模块搭建

(2) 三相桥式全控整流电路(带电阻电感负载)仿真模块搭建完成后，调整相应模块的参数。3 个单相交流电压源(AC Voltage Source)幅值均调整为 100 V，频率调整为 50 Hz，a 相的起始相位 Phase 调整为 0°，b 相的 Phase 参数调整为 -120°，c 相的 Phase 参数调整为 -240°。电阻电感负载中 R 的阻值调整为 2 Ω，电感 L 取值调整为 5 H。Simulink 仿真界面中的运行时间调整为 0.05 s。6 个脉冲触发器(Pulse Generator)的脉冲幅值参数(Amplitude)调整为 10，周期参数(Period)调整为 0.02 s，脉冲占比(Pulse Width)调整为 50%，而 Phase delay 参数则需要进行换算，换算方式为：已知当控制角的取值为 90° 时，VT_1 的脉冲施加时刻为 120°、VT_2 的脉冲施加时刻为 180°、VT_3 的脉冲施加时刻为 240°、VT_4 的脉冲施加时刻为 300°、VT_5 的脉冲施加时刻为 360°、VT_6 的脉冲施加时刻为 60°，将以上相位换算至时间区间(即理论分析中的一个周期 360° 对应 MATLAB 仿真中的一个周期 0.02 s)，可得 VT_1 的脉冲施加时刻为 1/150 s、VT_2 的脉冲施加时刻为 0.01 s、VT_3 的脉冲施加时刻为 1/75 s、VT_4 的脉冲施加时刻为 1/60 s、VT_5 的脉冲施加时刻为 0.02 s、VT_6 的脉冲施加时刻为 1/300 s，将以上参数分别填入 6 个脉冲触发器(Pulse Generator)的 Phase delay 栏。

(3) 点击 Simulink 仿真界面菜单栏中的运行按键⏵，双击示波器，可得电路稳定工作后电阻电感负载 RL 两端电压 u_d 的波形，如图 10.12 所示，验证了理论分析部分所得的波形。

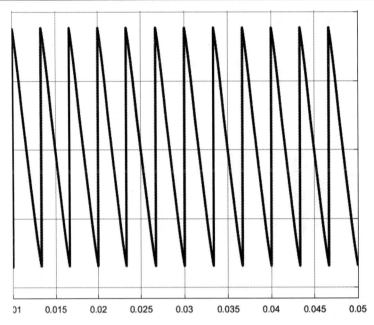

图 10.12　三相桥式全控整流电路(带电阻电感负载)仿真波形图

【思考题】　试模拟仿真当控制角取值分别为 $30°$、$45°$、$60°$ 时，三相桥式全控整流电路(带电阻电感负载)RL 两端电压 u_d、流过晶闸管 VT_1 的电流 i_{VT1}、晶闸管 VT_1 两端电压 u_{VT1} 的波形情况。同时分析 $VT_1 \sim VT_6$ 中的电流波形。

习　　题

1. 将图 10.3 中的三相半波可控整流电路(带电阻负载)控制角调整为 $0°$，观测电阻负载 R 两端电压 u_d、流过晶闸管 $VT_1 \sim VT_3$ 的电流的波形。

2. 将图 10.5 中的三相半波可控整流电路(带电阻电感负载)控制角调整为 $45°$，观测负载两端电压 u_d、晶闸管 $VT_1 \sim VT_3$ 两端的电压的波形。

3. 将图 10.9 中的三相桥式全控整流电路(带电阻负载)控制角调整为 $0°$，观测电阻负载 R 两端电压 u_d、流过晶闸管 $VT_1 \sim VT_6$ 的电流的波形。

4. 将图 10.11 中的三相桥式全控整流电路(带电阻电感负载)控制角调整为 $0°$，观测负载两端电压 u_d、晶闸管 $VT_1 \sim VT_6$ 两端的电压的波形。

第 11 章　电压型逆变电路虚拟仿真

11.1　电压型单相半桥逆变电路虚拟仿真

电压型单相半桥逆变电路仿真过程如下：

(1) 启动 Simulink 仿真界面，单击仿真界面菜单栏中的"Simulink Library Browser"按键▓▓，打开"Simulink Library Browser"仿真模型库。

(2) 在"Simulink Library Browser"仿真模型库中搜寻直流电压源(2 个)、绝缘栅双极型晶体管(2 个)、脉冲触发器(2 个)、电阻电感负载、电压测量仪、电流测量仪、示波器、电力系统仿真等几个模块，在仿真模型库左上角的搜索栏输入与之对应的英文名称进行搜索，元件对应的英文名称分别为 DC Voltage Source、IGBT、Pulse Generator、Series RLC Branch、Voltage Measurement、Current Measurement、Scope、Powergui。将这些元件从"Simulink Library Browser"仿真模型库界面拖动至 Simulink 仿真界面，并且根据电路图进行布局。

(3) 上述元件放置完成后，双击 Simulink 仿真界面中的 Series RLC Branch 模块，将负载调整为电阻电感负载 RL。将示波器的输入端口调整为 2 个，便于观测 RL 负载两端电压 u_o 及流过负载的电流 i_o 波形。修改完成后连线搭建仿真模型，最终连线搭建完成的电路模型如图 11.1 所示。由于 IGBT 模块中已有反并联的二极管，因此电路中无需再放置二极管。

(4) 电压型单相半桥逆变电路仿真模块结构搭建完成后，调整相关元器件参数。将电阻电感负载 RL 的电阻取值调整为 1 Ω，电感取值调整为 0.2 H。输入侧 2 个直流电压源(DC Voltage Source)的电压取值均调整为 100 V。脉冲触发器(Pulse Generator1、2)中的幅值参数(Amplitude)调整为 1 V，周期参数(Period)调整为 0.02 s，脉冲宽度参数(Pulse Width)调整为 50%，Pulse Generator1 的 Phase delay 参数调整为 0，Pulse Generator2 的 Phase delay 参数调整为 0.01。Simulink 仿真界面菜单栏中的运行时间调整为 1 s。

(5) 点击 Simulink 仿真界面菜单栏中的运行按键▶后，双击示波器，可得电阻电感负载 RL 两端电压 u_o 的波形和电流 i_o 的波形，如图 11.2 所示。图 11.2 中第一行表示负载两端电压 u_o 的波形，第二行表示流过负载的电流 i_o 波形，验证了理论分析部分所得的波形。

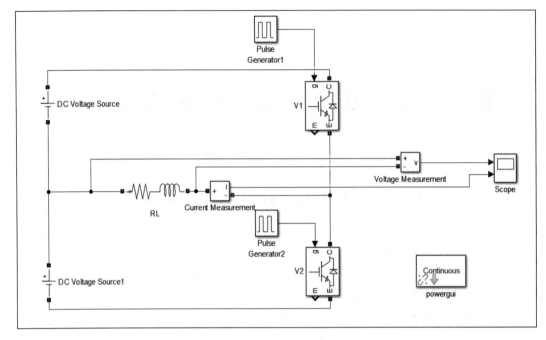

图 11.1　电压型单相半桥逆变电路仿真模块搭建

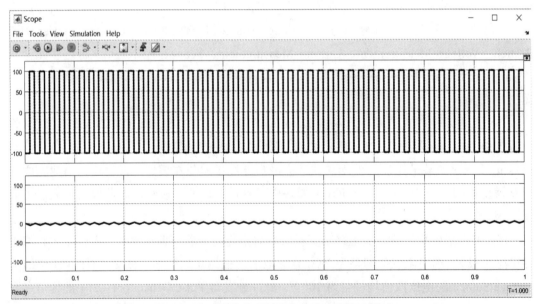

图 11.2　电压型单相半桥逆变电路仿真输出波形

【思考题】　试分析并模拟仿真电压型单相半桥逆变电路中 V_1、V_2 两端的电压波形。

11.2　电压型单相全桥逆变电路虚拟仿真

电压型单相全桥逆变电路仿真过程如下：

(1) 启动 Simulink 仿真界面，单击仿真界面菜单栏中的"Simulink Library Browser"按键，打开"Simulink Library Browser"仿真模型库。

(2) 在"Simulink Library Browser"仿真模型库中搜寻直流电压源、绝缘栅双极型晶体管、脉冲触发器、电阻电感负载、电压测量仪、电流测量仪、示波器、电力系统仿真模块，在仿真模型库左上角的搜索栏输入与之对应的英文名称进行搜索，元件对应的英文名称分别为 DC Voltage Source、IGBT、Pulse Generator、Series RLC Branch、Voltage Measurement、Current Measurement、Scope、Powergui。将这些元件从"Simulink Library Browser"仿真模型库界面拖动至 Simulink 仿真界面。

(3) 元件放置完成后，双击 Simulink 仿真界面中的 Series RLC Branch 模块，将负载调整为电阻电感负载 RL，示波器输入端口调整为 2 个，修改完成后连线搭建仿真模型，最终连线搭建完成的电路模型如图 11.3 所示。

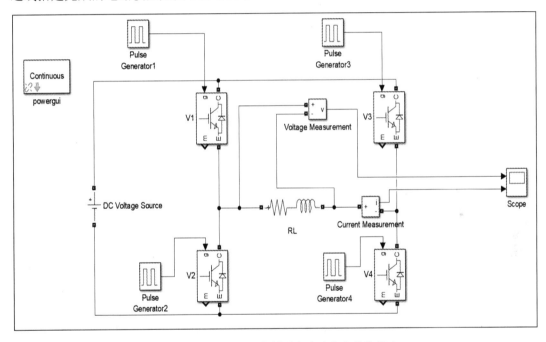

图 11.3 电压型单相全桥逆变电路仿真模块搭建

(4) 电压型单相全桥逆变电路仿真模块结构搭建完成后，调整相关元器件参数。将电阻电感负载 RL 的电阻取值调整为 1 Ω，电感取值调整为 0.01 H。输入侧直流电压源(DC Voltage Source)的电压取值调整为 100 V。脉冲触发器(Pulse Generator1、2、3、4)中的幅值参数(Amplitude)调整为 1 V，周期参数(Period)调整为 0.02 s，脉冲宽度参数(Pulse Width)调整为 50%，Pulse Generator1、Pulse Generator4 的 Phase delay 参数调整为 0 s，Pulse Generator2、Pulse Generator3 的 Phase delay 参数调整为 0.01 s。Simulink 仿真界面菜单栏中的运行时间调整为 1 s。

(5) 点击 Simulink 仿真界面菜单栏中的运行按键 ▶ 后，双击示波器，同时使用示波器菜单栏中的 zoom x 按键，观察电路稳定工作后的波形图，可得稳定工作后，电阻电感负载 RL 两端电压 u_o、电流 i_o 的波形，如图 11.4 所示，验证了理论分析部分所得的波形。

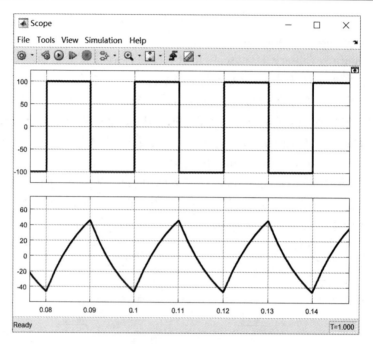

图 11.4 电压型单相全桥逆变电路仿真输出波形

【思考题】 试分析并模拟仿真电压型单相全桥逆变电路中 V_1、V_3 两端的电压波形。

11.3 电压型单相全桥逆变电路移相调压虚拟仿真

电压型单相全桥逆变电路移相调压仿真过程如下：

(1) 启动 Simulink 仿真界面，单击仿真界面菜单栏中的"Simulink Library Browser"按键▦，打开"Simulink Library Browser"仿真模型库。

(2) 在"Simulink Library Browser"仿真模型库中搜寻直流电压源、绝缘栅双极型晶体管、脉冲触发器、电阻电感负载、电压测量仪、电流测量仪、示波器、电力系统仿真模块，在仿真模型库左上角的搜索栏输入与之对应的英文名称进行搜索，元件对应的英文名称可参考 11.2 节中的介绍。将这些元件从"Simulink Library Browser"仿真模型库界面拖动至 Simulink 仿真界面。

(3) 元件放置完成后，连线搭建仿真模型，最终连线搭建完成的电路模型如图 11.5 所示。

(4) 电压型单相全桥逆变电路移相调压仿真模块结构搭建完成后，调整相关元器件参数。将电阻电感负载 RL 的电阻取值调整为 $1\ \Omega$，电感取值调整为 $0.01\ H$。输入侧直流电压源(DC Voltage Source)的电压取值调整为 $100\ V$。脉冲触发器(Pulse Generator1、2、3、4)中的幅值参数(Amplitude)调整为 $1\ V$，周期参数(Period)调整为 $0.02\ s$，脉冲宽度参数(Pulse Width)调整为 50%，由于要让 V_1、V_4 组的触发脉冲产生相位差，因此 Pulse Generator1 的 Phase delay 参数调整为 $0\ s$，Pulse Generator4 的 Phase delay 参数调整为 $-0.005\ s$，Pulse Generator2 的 Phase delay 参数调整为 $0.01\ s$，Pulse Generator3 的 Phase delay 参数调整为 $0.005\ s$。Simulink 仿真界面菜单栏中的运行时间调整为 $1\ s$。

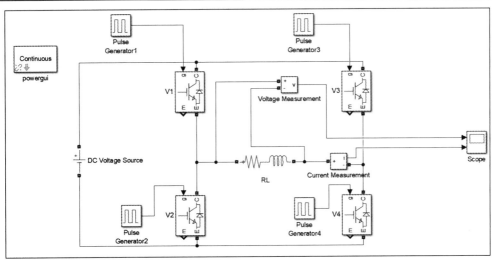

图 11.5　电压型单相全桥逆变电路移相调压仿真模块搭建

(5) 点击 Simulink 仿真界面菜单栏中的运行按键 ⊙ 后，双击示波器，同时使用示波器菜单栏中的 zoom x 按键，观察电路稳定工作后的波形图，可得电阻电感负载 RL 两端电压 u_o、电流 i_o 的波形，如图 11.6 所示，验证了理论分析部分所得的波形。

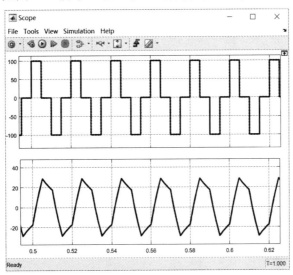

图 11.6　电压型单相全桥逆变电路移相调压仿真输出波形

习　　题

1. 调整电压型单相半桥逆变电路中 Pulse Generator 的参数，使得输出电压的频率变为 25 Hz。

2. 调整电压型单相全桥逆变电路中 Pulse Generator 的参数，使得输出电压的频率变为 100 Hz。

第 12 章　直流—直流变流电路虚拟仿真

12.1　降压斩波电路虚拟仿真

降压斩波电路仿真过程如下:

(1) 启动 Simulink 仿真界面,单击仿真界面菜单栏中的"Simulink Library Browser"按键 ，打开"Simulink Library Browser"仿真模型库。

(2) 在"Simulink Library Browser"仿真模型库中搜寻直流电压源、绝缘栅双极型晶体管、脉冲触发器、二极管、电阻电感负载、电压测量仪、示波器、电力系统仿真等几个模块,在仿真模型库左上角的搜索栏输入与之对应的英文名称进行搜索,元件对应的英文名称分别为 DC Voltage Source、IGBT、Pulse Generator、Diode、Series RLC Branch、Voltage Measurement、Scope、Powergui。将这些元件从"Simulink Library Browser"仿真模型库界面拖动至 Simulink 仿真界面。

(3) 上述元件放置完成后,双击 Simulink 仿真界面中的 Series RLC Branch 模块,将负载调整为电阻电感负载 RL。连线搭建仿真模型,最终连线搭建完成的电路模型如图 12.1 所示。

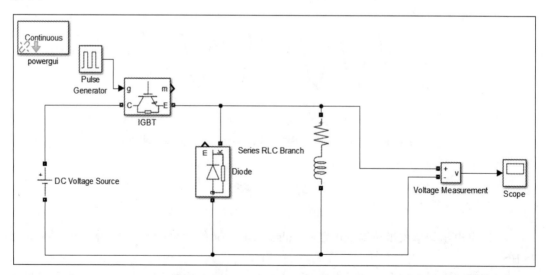

图 12.1　降压斩波电路仿真模块搭建

(4) 降压斩波电路仿真模块结构搭建完成后,调整相关元器件参数。将电阻电感负载

RL 的电阻取值调整为 10 Ω，电感取值调整为 2 H。输入侧直流电压源(DC Voltage Source)的电压取值调整为 200 V。脉冲触发器(Pulse Generator)中的幅值参数(Amplitude)调整为 1 V，周期参数(Period)调整为 0.01 s，脉冲宽度参数(Pulse Width)调整为 50%，Phase delay 参数调整为 0 s。本次实验观测 10 个周期的波形，因此 Simulink 仿真界面菜单栏中的运行时间调整为 0.1 s。

(5) 点击 Simulink 仿真界面菜单栏中的运行按键 ▶ 后，双击示波器，可得电阻电感负载两端电压 u_o 波形，如图 12.2 所示，验证了理论分析部分所得的波形。

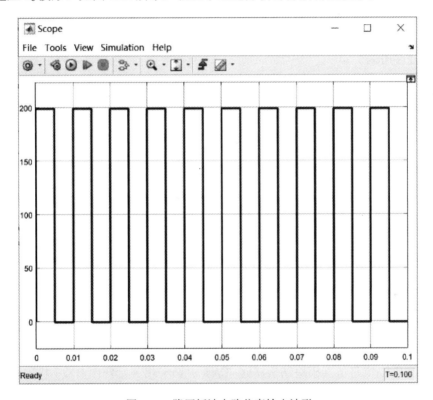

图 12.2　降压斩波电路仿真输出波形

【思考题】　上述分析的降压斩波电路仿真为带电阻电感负载的，如果将负载替换为直流电机，由于直流电机在工作时存在反向电动势 E_m，因此当负载是直流电机时，图 12.1 上的负载部分应该是由电阻、电感、反向电动势 E_m(仿真中可用直流电压源 DC Voltage Source 模块等效)三者串联组成的，试分析该情况下输出电压 u_o 的波形，并且使用仿真软件进行验证。

12.2　升压斩波电路虚拟仿真

升压斩波电路仿真过程如下：

(1) 启动 Simulink 仿真界面，打开仿真界面菜单栏中的"Simulink Library Browser"仿真模型库。

(2) 在"Simulink Library Browser"仿真模型库中搜寻直流电压源、电感、绝缘栅双极型晶体管、脉冲触发器、二极管、电阻电容负载、电压测量仪、示波器、电力系统仿真等几个模块，在仿真模型库左上角的搜索栏输入与之对应的英文名称进行搜索，元件对应的英文名称分别为 DC Voltage Source、Series RLC Branch、IGBT、Pulse Generator、Diode、Parallel RLC Branch、Voltage Measurement、Scope、Powergui。将这些元件拖动至 Simulink 仿真界面。上述元件放置完成后，双击 Simulink 仿真界面中的 Series RLC Branch 模块，调整成为电感 L；双击 Parallel RLC Branch 模块，调整为电阻电容 RC；示波器调整为 2 个输入端口，方便观测输出电压 u_o 的波形和脉冲触发器 (Pulse Generator)施加触发脉冲的波形。连线搭建仿真模型，最终连线搭建完成的电路模型如图 12.3 所示。

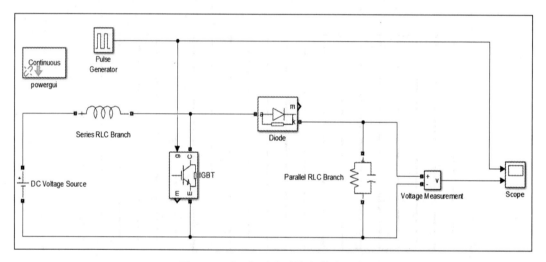

图 12.3　升压斩波电路仿真模块搭建

(3) 升压斩波电路仿真模块结构搭建完成后，调整相关元器件参数。将电感的取值调整为 1e-4 H。电阻电容负载的 R 取值调整为 5 Ω，C 取值调整为 1e-4 F。输入侧直流电压源(DC Voltage Source)的电压取值调整为 50 V。脉冲触发器(Pulse Generator)中的幅值参数(Amplitude)调整为 1 V，周期参数(Period)调整为 2e-4 s，脉冲宽度参数(Pulse Width)调整为 50%，Phase delay 参数调整为 0 s。Simulink 仿真界面菜单栏中的运行时间调整为 0.01 s，用于多观察几个周期的波形。

(4) 点击 Simulink 仿真界面菜单栏中的运行按键 ▶ 后，双击示波器，同时可使用示波器菜单栏中的 zoom x 按键，来更加完整地观察电路稳定工作后的波形。由以上操作可得电路稳定工作后施加触发脉冲的波形和电压 u_o 的波形，如图 12.4 所示，如果示波器显示的 Y 轴电压值范围过大，可通过第 8 章中介绍的元件操作方式，对示波器显示范围进行调整。由图 12.4 中可以观测到输出电压取值在 100 V 左右，而输入电压 E 在上文中给定为 50 V，因此实现升压作用，由于电容 C 不断地充电放电，因此输出电压波形不会为一条平直的直线，平直的直线只有在理想状态下才可能实现。电路稳定工作前输出波形会有波动，图 12.4 中截取的仅为电路已经稳定工作的波形。

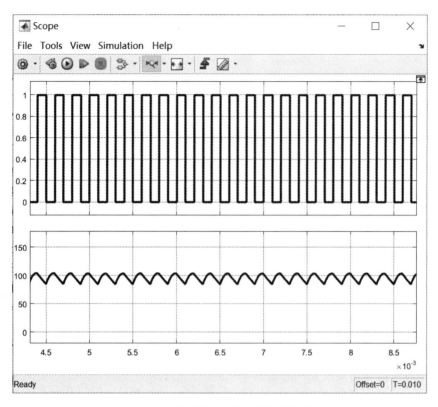

图 12.4　升压斩波电路仿真输出波形

12.3　升降压斩波电路虚拟仿真

升降压斩波电路仿真过程如下:

(1) 启动 Simulink 仿真界面,点击仿真界面菜单栏中的"Simulink Library Browser"按键,打开"Simulink Library Browser"仿真模型库。

(2) 在"Simulink Library Browser"仿真模型库中搜寻直流电压源 E、绝缘栅双极型晶体管、电感 L、脉冲触发器、二极管 VD、电阻电容负载 RC、电流测量仪、示波器、电力系统仿真等几个模块,仿真模型库中上述元器件对应的英文名为:DC Voltage Source、IGBT、Series RLC Branch、Pulse Generator、Diode、Parallel RLC Branch、Current Measurement、Scope、Powergui。搜寻上述元件模块并拖动至 Simulink 仿真界面。上述元件放置完成后,修改仿真界面中的 Series RLC Branch 模块,调整成电感 L;修改 Parallel RLC Branch 模块,调整成电阻电容负载 RC;将示波器调整为具有 3 个输入端口,以便于观测理论分析中电流 i_1、电流 i_2 的波形,以及脉冲触发器施加的触发脉冲的波形。连线搭建仿真模型,最终连线搭建完成的电路模型如图 12.5 所示。

(3) 升降压斩波电路仿真模块结构搭建完成后,调整相关元器件参数。将直流电压源 E 的电压取值调整为 20 V;电感 L 的取值调整为 3e-3 H;电阻电容负载 RC 的电阻取值调整为 1 Ω,电容取值调整为 2e-3 F;脉冲触发器中的幅值参数(Amplitude)调整为 1 V,周期参数(Period)调整为 20e-6 s，脉冲宽度(Pulse Width)调整为 50%，Phase delay 调整为 0 s；
Simulink 仿真界面菜单栏中的模拟运行时间调整为 0.1 s。

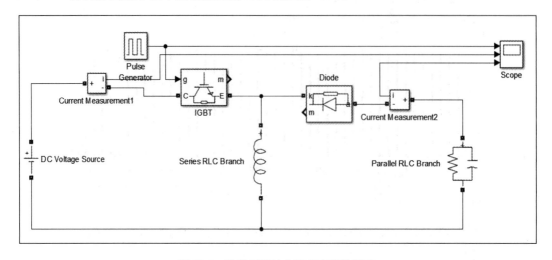

图 12.5　升降压斩波电路仿真模块搭建

（4）点击 Simulink 仿真界面菜单栏中的运行按键 ⑨ 后，打开示波器，可得脉冲触发器
(Pulse Generator)施加触发脉冲(第一行)、电流 i_1(第二行)、电流 i_2(第三行)的波形，如图 12.6
所示，使用者可根据需要调整示波器的 Y 轴大小。仿真所得的波形和理想情况下得到的波
形有些许出入，原因是理想情况下，电感 L、电容 C 已经存储有一定的能量，但实际电路
刚开始工作时 L 与 C 并未储能。

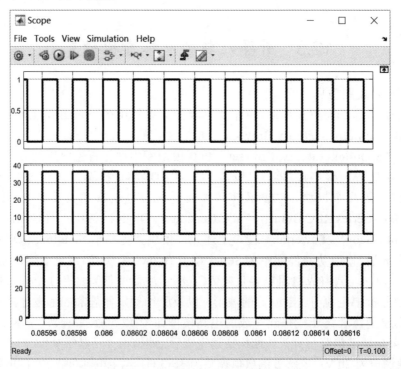

图 12.6　升降压斩波电路仿真输出波形

12.4　Cuk 斩波电路虚拟仿真

Cuk 斩波电路仿真过程如下：

(1) 启动 Simulink 仿真界面,点击仿真界面菜单栏中的"Simulink Library Browser"按键,打开"Simulink Library Browser"仿真模型库。

(2) 在"Simulink Library Browser"仿真模型库中搜寻直流电压源 E、绝缘栅双极型晶体管、电感 L(2 个)、电容 C(1 个)、电阻负载 R(1 个)、脉冲触发器、二极管 VD、电压测量仪、示波器、电力系统仿真等几个模块,元件对应的英文名称为：DC Voltage Source、IGBT、4 个 Series RLC Branch(分别调整为 L 负载模块、C 负载模块、R 负载模块)、Pulse Generator、Diode、Voltage Measurement、Scope、Powergui。搜寻上述元件模块,拖动至 Simulink 仿真界面并进行导线连接,连线结果如图 12.7 所示。注意图 12.7 中所示,由于负载 R 两端电压与直流电压源 E 极性相反,因此在仿真时相应调整了电压测量仪的方向,将默认的电压测量仪方向做了上下对称,调整方式为：选中电压测量仪,右击后在弹出的选项栏中选择"Rotate & Flip",再选择上下镜像(Up-Down)即可。

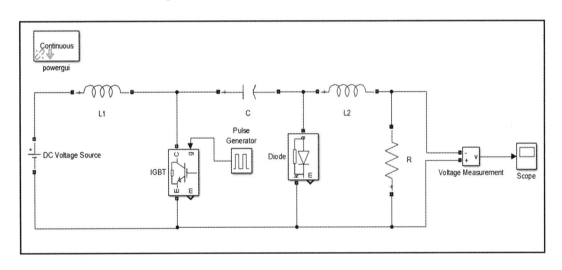

图 12.7　Cuk 斩波电路仿真模块搭建

(3) 导线连接完成后,调整模拟仿真电路中各个模块的参数。将直流电压源(DC Voltage Source)的电压参数设置为 100 V；脉冲触发器(Pulse Generator)的振幅参数(Amplitude)设为 2 V,周期参数(Period)设为 30e-7 s,一个周期内脉冲的占空比(Pulse Width)设为 20%；电感 L_1 设置为 0.01 H,电容 C 设置为 100e-6 F,电感 L_2 设置为 0.08 H,电阻 R 取为 3 Ω。Simulink 仿真界面菜单栏中的运行时间参数调整为 0.8 s。根据 Cuk 斩波电路输出电压 U_o 的计算公式可得,当占空比参数 α 设置为 20% 时,电路实现降压功能,输出电压 U_o 的理论取值为 25 V,如图 12.8 中波形所示,电路工作稳定后,仿真得出的波

形近似等于 25 V，理论分析部分得到验证。电路稳定工作前输出波形会有波动，图 12.8
中截取的仅为电路已经稳定工作的波形。

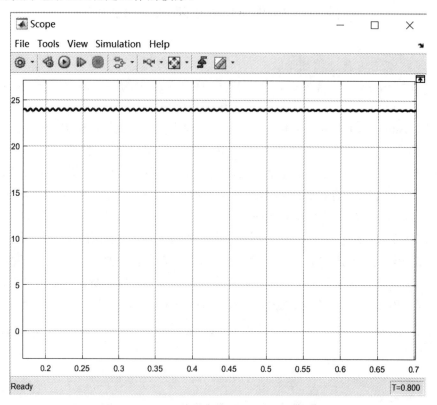

图 12.8　Cuk 斩波电路输出电压波形图

【思考题】　当 Cuk 斩波电路需要实现升压功能时，应该如何设置占空比参数 α，请进
行理论分析，并在此基础上开展计算机仿真模拟。

12.5　Zeta 斩波电路虚拟仿真

Zeta 斩波电路仿真过程如下：

(1) 启动 Simulink 仿真界面，点击仿真界面菜单栏中的"Simulink Library Browser"
按键，打开"Simulink Library Browser"仿真模型库。

(2) 在"Simulink Library Browser"仿真模型库中搜寻直流电压源 E(DC Voltage
Source)、绝缘栅双极型晶体管(IGBT)、二极管 VD(Diode)、电感 L(2 个)、电容 C(2 个)、
电阻负载 R(Series RLC Branch)、脉冲触发器(Pulse Generator)、电压测量仪(Voltage
Measurement)、示波器(Scope)、电力系统仿真(Powergui)等。搜寻上述元件模块并拖
动至 Simulink 仿真界面。元件放置完成后并连线，搭建完成的仿真电路模块如图 12.9
所示。

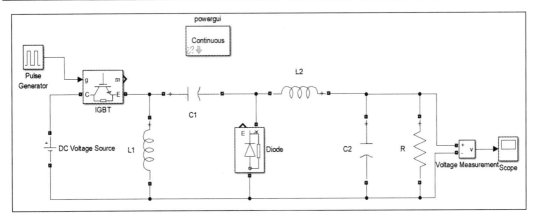

图 12.9　Zeta 斩波电路仿真模块搭建

(3) Zeta 斩波电路仿真模块结构搭建完成后,调整各个模块的参数。将直流电压源(DC Voltage Source)的电压参数设置为 100 V；脉冲触发器(Pulse Generator)的振幅参数(Amplitude)设为 1 V,周期参数(Period)设为 30e-7 s,一个周期内脉冲的占空比(Pulse Width)设为 30%；电感 L_1 设为 2e-4 H, 电感 L_2 设为 1e-4 H, 电容 C_1 设为 1e-4 F, 电容 C_2 设为 1e-3 F, 电阻 R 取为 0.1 Ω。Simulink 仿真界面菜单栏中的运行时间参数调整为 0.2 s。根据 Zeta 斩波电路输出电压 U_o 的计算公式可得, 当占空比 α 设置为 30%时,电路实现降压功能, 输出电压 U_o 的理论取值为 42 V, 如图 12.10 中波形所示, 电路工作稳定后,仿真得出的波形近似等于 42 V, 理论分析部分得到验证。电路稳定工作前输出波形会有波动, 图 12.10 中截取的仅为电路已经稳定工作的波形。

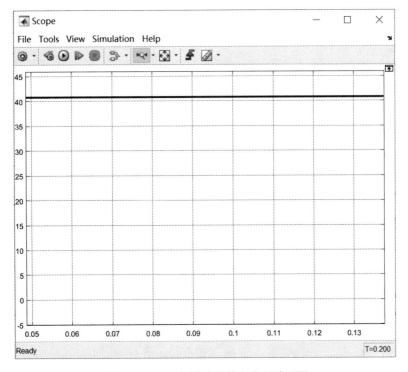

图 12.10　Zeta 斩波电路输出电压波形图

【思考题】　当 Zeta 斩波电路需要实现升压功能时，应该如何设置占空比 α，请进行理论分析，并在此基础上开展计算机仿真模拟。

12.6　Sepic 斩波电路虚拟仿真

Sepic 斩波电路仿真过程如下：

(1) 启动 Simulink 仿真界面，点击仿真界面菜单栏中的"Simulink Library Browser"按键，打开"Simulink Library Browser"仿真模型库。

(2) 在"Simulink Library Browser"仿真模型库中搜寻直流电压源(DC Voltage Source)、绝缘栅双极型晶体管(IGBT)、二极管 VD(Diode)、电感 L_1 和 L_2、电容 C_1 和 C_2、电阻负载 R(Series RLC Branch)、脉冲触发器(Pulse Generator)、电压测量仪(Voltage Measurement)、示波器(Scope)、电力系统仿真(Powergui)。搜寻上述元件模块，拖动至 Simulink 仿真界面并连线搭建电路，最终连线搭建完成的电路模型如图 12.11 所示。

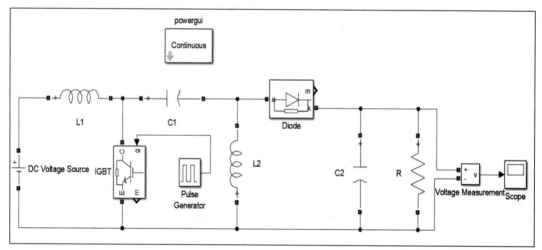

图 12.11　Sepic 斩波电路仿真模块搭建

(3) 仿真电路搭建完成后，调整各个模块的参数。将直流电压源(DC Voltage Source)的电压参数设置为 50 V；脉冲触发器(Pulse Generator)的振幅参数(Amplitude)设为 1 V，周期参数(Period)设为 30e-7 s，一个周期内脉冲的占空比(Pulse Width)设为 30%；电感 L_1 设为 2e-4 H，电感 L_2 设为 1e-4 H，电容 C_1 设为 1e-4 F，电容 C_2 设为 1 e-3 F，电阻 R 取为 0.1 Ω。Simulink 仿真界面菜单栏中的运行时间参数调整为 0.2 s。根据 Sepic 斩波电路输出电压 U_o 的计算公式可得，当占空比 α 设置为 30% 时，电路实现降压功能，输出电压 U_o 的理论取值为 42 V，如图 12.12 中波形所示，电路工作稳定后，仿真得出的波形近似等于 42 V，理论分析部分得到验证。电路稳定工作前输出波形会有波动，图 12.12 中截取的仅为电路已经稳定工作的波形。

【思考题】　当 Sepic 斩波电路需要实现升压功能时，应该如何设置占空比 α，请进行理论分析，并在此基础上开展计算机仿真模拟。

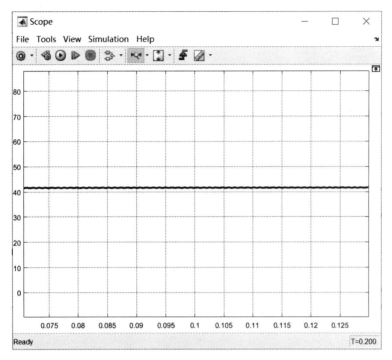

图 12.12　Sepic 斩波电路输出电压波形图

12.7　多相多重斩波电路虚拟仿真

多相多重斩波电路仿真过程如下：

(1) 启动 Simulink 仿真界面，点击仿真界面菜单栏中的"Simulink Library Browser"按键，打开"Simulink Library Browser"仿真模型库。

(2) 在"Simulink Library Browser"仿真模型库中搜寻直流电压源(DC Voltage Source)、绝缘栅双极型晶体管(IGBT，3 个)、二极管 VD(Diode，3 个)、电感(3 个)、电阻负载 R(Series RLC Branch)、脉冲触发器(Pulse Generator，3 个)、电流测量仪(Current Measurement，4 个)、示波器(Scope)、电力系统仿真(Powergui)等。搜寻上述元件模块，拖动至 Simulink 仿真界面并连线搭建电路，最终连线搭建完成的电路模型如图 12.13 所示。

(3) 仿真电路搭建完成后，调整各个模块的参数。将直流电压源(DC Voltage Source)的电压参数设置为 50 V；脉冲触发器(Pulse Generator)的振幅参数(Amplitude)设为 1 V，周期参数(Period)设为 0.02 s，一个周期内脉冲的占空比(Pulse Width)设为 50%；电感 L_1、L_2、L_3 均设置为 0.1 H，电阻 R 取为 1 Ω。Simulink 仿真界面菜单栏中的运行时间参数调整为 1 s。已知 V_1 在 0° 时开始给导通信号，V_2 在 120° 时开始给导通信号，V_3 在 240° 时开始给导通信号，脉冲触发器(Pulse Generator)中的 Phase delay 参数需要进行换算，一个周期 360° 对应 0.02 s，因此换算可得 V_1 在 0 s 时开始给导通信号，V_2 在 1/150 s 时开始给导通信号，V_3 在 1/75 s 时开始给导通信号，将这些参数依次填入 Pulse Generator1、Pulse Generator2、Pulse Generator3 中的 Phase delay 栏即可。

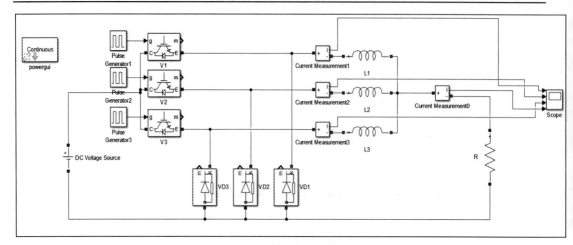

图 12.13　三相三重斩波电路仿真模块搭建

(4) 点击 Simulink 仿真界面菜单栏中的运行按键 ▶ 后，双击示波器，可得 5.7 节理论分析输出的 4 种电流 i_1、i_2、i_3、i_o 波形，如图 12.14 所示，示波器前三行分别为 i_1、i_2、i_3 的波形，最后一行为 i_o 的波形，可以观测得出，电流 i_o 脉动幅值平缓很多，而频率则有所上升。电路稳定工作前输出波形会有波动，图 12.14 中截取的仅为电路已经稳定工作的波形。

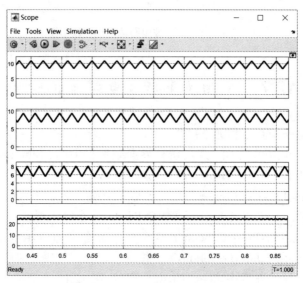

图 12.14　三相三重斩波电路仿真输出波形

习　　题

1. 根据图 12.1 降压斩波电路中的参数，计算输出电压的平均值。

2. 调整图 12.1 降压斩波电路中脉冲宽度参数(Pulse Width)，观测输出电压波形的变化。

3. 调整图 12.5 升降压斩波电路中脉冲宽度参数(Pulse Width)，使得该电路分别实现升压和降压的功能。

第 13 章　单相交流调压电路虚拟仿真

13.1　单相交流调压电路(带电阻负载)虚拟仿真

单相交流调压电路(带电阻负载)仿真过程如下：

(1) 启动 Simulink 仿真界面，打开"Simulink Library Browser"仿真模型库。

(2) 在"Simulink Library Browser"仿真模型库中搜寻单相交流电压源、电阻负载、晶闸管(VT$_1$ 和 VT$_2$)、脉冲触发器(2 个)、电压测量仪(2 个)、电流测量仪、示波器、电力系统仿真等几个模块，用对应的英文名称进行搜索，元件对应的英文名称分别为 AC Voltage Source、Series RLC Branch、Thyristor、Pulse Generator、Voltage Measurement、Current Measurement、Scope、Powergui。将这些元件从"Simulink Library Browser"仿真模型库界面拖动至 Simulink 仿真界面，放置于合适的位置后并连线，最终连线搭建完成的电路模型如图 13.1 所示。

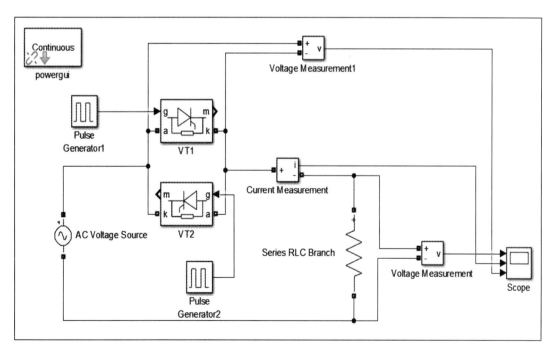

图 13.1　单相交流调压电路(带电阻负载)仿真模块搭建

(3) 单相交流调压电路(带电阻负载)仿真模块结构搭建完成后，调整相关元器件参数。本次仿真需要调整单相交流电压源(AC Voltage Source)、电阻负载(Series RLC Branch)、脉冲触发器(Pulse Generator)三个元件模块的参数。

将单相交流电压源(AC Voltage Source)中的峰值电压参数(Peak amplitude)调整为 100 V，频率参数(Frequency)改为 50 Hz。将 Simulink 仿真界面菜单栏中的仿真时间调整为 0.02 s，即观测一个周期的波形。电阻负载 R 的阻值调整为 1 Ω。将脉冲触发器(Pulse Generator)中的脉冲幅值参数(Amplitude)改为 1 V，脉冲周期(Period)改为 0.02 s，脉冲宽度(Pulse Width)占据一个脉冲周期的参数改为 5%，Phase delay 参数需要进行换算。本次仿真门极触发脉冲 $\alpha = 90°$，换算方式为：以角度为单位时，一个周期为 360°，晶闸管 VT_1 在相位上 90° 的时候施加门极触发脉冲，晶闸管 VT_2 在相位上 270° 的时候施加门极触发脉冲，在以秒为单位时，一个周期为 0.02 s，因此在 0.005 s 的时候施加晶闸管 VT_1 的门极触发脉冲，在 0.015 s 的时候施加晶闸管 VT_2 的门极触发脉冲，分别将 Pulse Generator 1、Pulse Generator 2 的 Phase delay 参数改为 0.005 s、0.015 s 即可。

(4) 点击 Simulink 仿真界面菜单栏中的运行按键 ▶ 后，双击示波器，可得电阻负载两端输出电压 u_o、流过电阻负载 R 的电流 i_o、晶闸管两端电压 u_{VT} 的波形，如图 13.2 所示，验证了理论分析部分所得的波形。

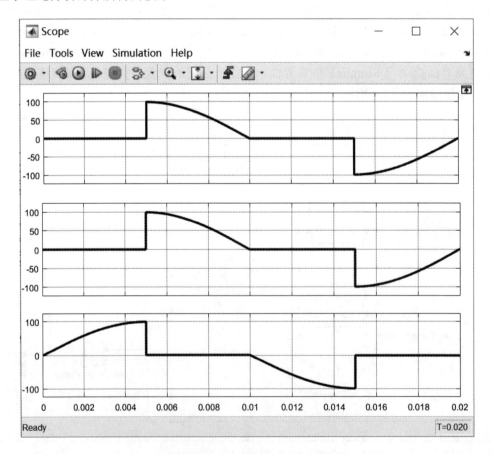

图 13.2　单相交流调压电路(带电阻负载)仿真输出波形

【思考题】 试模拟仿真当单相交流调压电路(带电阻负载)控制角为 30° 时，电阻负载两端电压 u_o、流过电阻负载 R 的电流 i_o、晶闸管两端电压 u_{VT} 的波形。

13.2　单相交流调压电路(带电阻电感负载)虚拟仿真

单相交流调压电路(带电阻电感负载)仿真过程如下:

(1) 启动 Simulink 仿真界面，打开 "Simulink Library Browser" 仿真模型库。

(2) 在 "Simulink Library Browser" 仿真模型库中搜寻单相交流电压源、RL 负载、晶闸管(VT_1 和 VT_2)、脉冲触发器(2 个)、电压测量仪(2 个)、电流测量仪、示波器、电力系统仿真等几个模块，对应搜索所需的英文名称同 13.1 节一致，唯一区别是需将电阻负载 R 模块调整为电阻电感 RL 模块。将这些元件从 "Simulink Library Browser" 仿真模型库界面拖动至 Simulink 仿真界面并连线，最终连线搭建完成的电路模型如图 13.3 所示。

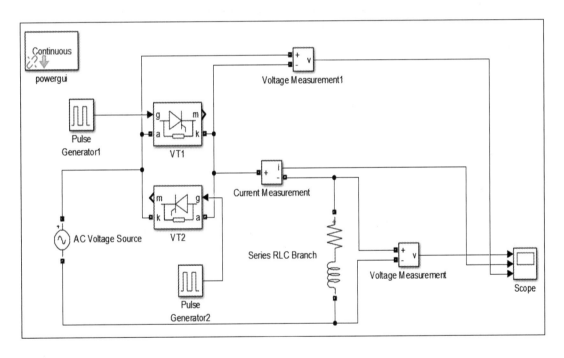

图 13.3　单相交流调压电路(带电阻电感负载)仿真模块搭建

(3) 将 Simulink 仿真界面菜单栏中的仿真时间调整为 0.04 s，即观测 2 个周期的波形；电阻电感负载 RL 中，电阻 R 的阻值调整为 0.1 Ω，电感 L 的取值调整为 0.001 H。其余参数同 13.1 节保持一致。

(4) 点击 Simulink 仿真界面菜单栏中的运行按键▶后，双击示波器，可得电阻电感负载 RL 两端输出电压 u_o、流过电阻电感负载 RL 的电流 i_o、晶闸管两端电压 u_{VT} 的波形，如图 13.4 所示，验证了理论分析部分所得的波形。

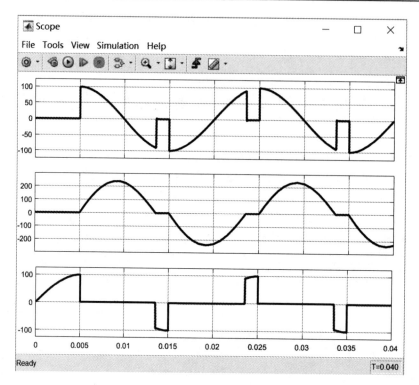

图 13.4　单相交流调压电路(带电阻电感负载)仿真输出波形

习　　题

1. 将图 13.1 单相交流调压电路(带电阻负载)中的控制角度调整为 45°，观测电阻负载两端电压 u_o、流过电阻负载 R 的电流 i_o、晶闸管两端电压 u_{VT} 的波形。

2. 将图 13.3 单相交流调压电路(带电阻电感负载)中的控制角度调整为 45°，观测负载两端电压 u_o 的波形。

第三部分

电力电子技术实验实践操作

第14章 电力电子技术实验实践操作指导

14.1 电力电子技术实验项目简介

1. 电力电子技术项目介绍

1) 锯齿波同步移相触发电路实验

实验内容：

(1) 锯齿波同步移相触发电路输出波形测量；

(2) 锯齿波同步移相触发电路的调试及故障排除。

学习要求：

(1) 了解锯齿波同步移相触发电路的工作原理及电路中各元件的作用；

(2) 掌握调节锯齿波同步移相触发电路各孔输出波形的方法；

(3) 掌握锯齿波同步移相触发电路故障的设置、分析与解决方案；

(4) 绘制锯齿波同步移相触发电路输出模块 1~6 号检测点的波形图；

(5) 分析锯齿波同步移相触发电路输出模块 1~6 号检测点波形产生原因。

参考课时：4 课时

2) 三相桥式整流电路实验

实验内容：

(1) 对三相桥式整流电路进行线路连接，给电阻性负载、电阻电感性负载供电；

(2) 对有源逆变电路进行线路连接并掌握工作原理。

学习要求：

(1) 深入掌握三相桥式整流电路、有源逆变电路的工作原理；

(2) 进一步掌握三相桥式整流电路在电阻性负载和电阻电感性负载时的工作过程，了解二者的区别；

(3) 绘制三相桥式整流电路在给电阻性负载、电阻电感性负载供电情况下，当控制角 $\alpha = 90°$ 时的主要波形图并进行原理分析。

参考课时：4 课时

3) 单闭环直流电机调速实验

实验内容：

(1) 单闭环直流电机调速系统的接线与转速调节；

(2) 单闭环直流电机调速系统的分析。

学习要求：

(1) 了解并掌握单闭环直流电机调速系统的基本工作原理、组成模块及各模块部件的原理；

(2) 加深理解转速负反馈在单闭环直流电机调速系统中的作用。

参考课时：4 课时

4) 双闭环直流电机调速实验

实验内容：

(1) 双闭环直流电机调速系统的接线和转速调节；

(2) 双闭环直流电机调速系统的参数调节。

学习要求：

(1) 了解双闭环直流电机调速系统的基本工作原理、组成模块及各模块部件的原理；

(2) 掌握转速、电流双闭环直流电机调速系统的调试步骤、方法及参数的整定。

参考课时：4 课时

本章主要介绍的实验项目如表 14.1 所示。

表 14.1　实验项目安排表

序号	实验实训项目名称	实验学时	实验类型
1	锯齿波同步移相触发电路实验	4	综合型
2	三相桥式整流电路实验	4	综合型
3	单闭环直流电机调速实验	4	综合型
4	双闭环直流电机调速实验	4	综合型

2. 电力电子技术实验实训平台简介

实验实训采用 DJDK-1 型电力电子技术及电机控制实验装置，如图 14.1 所示。

图 14.1　DJDK-1 型电力电子技术及电机控制实验装置外形图

14.2　电力电子技术实训平台操作指导

本节将对锯齿波同步移相触发电路实验、三相桥式整流电路实验、晶闸管直流调速系统主要单元的调试、单闭环直流电机调速实验、双闭环直流电机调速实验的操作方式进行介绍。

14.2.1　锯齿波同步移相触发电路实验

1. 实验目的

(1) 理解电力电子技术中锯齿波同步移相触发电路的基本工作原理及各模块中元件的作用。

(2) 掌握锯齿波同步移相触发电路的调试方法,掌握调节各个输出孔的输出波形的方式。

2. 实验所需挂件及附件

进行锯齿波同步移相触发电路实验所需的模块如表 14.2 所示。

表 14.2　锯齿波同步移相触发电路实验模块

序号	型　号	备　注
1	DJK01 电源控制屏	该控制屏包含"三相电源输出"等几个模块
2	DJK03-1 晶闸管触发电路	该挂件包含"锯齿波同步移相触发电路"等模块
3	双踪示波器	

3. 实验线路模块结构

锯齿波同步移相触发电路由同步检测模块、锯齿波生成模块、移相控制模块、脉冲生成模块、脉冲放大模块等部分组成。

4. 实验内容

(1) 锯齿波同步移相触发电路的调试,各个输出孔波形的观察和分析。

(2) 锯齿波同步移相触发电路的故障分析和排除。

5. 预习要求

(1) 掌握锯齿波同步移相触发电路的基本原理。

(2) 掌握调节锯齿波同步移相触发电路脉冲初始相位的方式方法。

6. 思考题

(1) 锯齿波同步移相触发电路的功能和作用是什么?

(2) 哪些参数和锯齿波同步移相触发电路的移相范围有关?

7. 实验方法

(1) 将实验台上电源控制屏的调速电源选择开关调至"直流调速"档,使电源模块输出线电压为 200 V(需要注意的是,电源选择开关不可调至"交流调速"档,因为锯齿波同步移相触发电路实验操作挂件箱的正常工作电压为 220 V±10%,"交流调速"档会使得电源输出线电压达到 240 V。如果电压超出锯齿波电路实验挂件箱标准工作范围,可能会导致元器件使用年限降低,甚至会发生损坏),用导线将 200 V 电压接到锯齿波电路实验挂件箱的"外接 220 V"端口处,按下"启动"按钮,打开实验挂件箱电源开关,使用双踪示波器观察锯齿波同步触发电路各个输出孔的电压波形。

① 使用示波器同时观察同步电压和输出孔"1"的电压波形,了解输出孔"1"的电压波形生成原因。

② 观察输出孔"1"和输出孔"2"的电压波形,了解锯齿波的宽度和"1"孔电压波形的关系。

③ 调节电位器 R_{P1},观测输出孔"2"处输出的电压锯齿波斜率随着 R_{P1} 变化而产生的变化。

④ 观测输出孔"3"至输出孔"6"的电压波形,记录各电压波形的幅值与宽度,并比较输出孔"3"的电压 U_3 和输出孔"6"的电压 U_6 之间的对应关系。

(2) 调节触发脉冲的移相范围。

调节电位器 R_{P2},将其顺时针旋到底,使控制电压 U_{ct} 变为零,使用示波器观测同步电压信号和输出孔"6"处的电压 U_6 的波形,通过电位器 R_{P3} 来调节偏移电压 U_b,使控制角 $\alpha = 170°$。

(3) 通过电位器 R_{P2} 来调节控制电压 U_{ct},使 $\alpha = 60°$,观测并记录各个孔的电压 $U_1 \sim U_6$ 及输出端口"G""K"脉冲电压的波形,标出上述电压的幅值与宽度,记录在表 14.3 中。

表 14.3　锯齿波同步移相触发电路实验数据表

电压	U_1	U_2	U_3	U_4	U_5	U_6
幅值/V						
宽度/ms						

8. 实验报告

(1) 根据双踪示波器观测结果,绘制锯齿波同步移相触发电路实验中得到的各点波形,并标出其幅值和宽度。

(2) 总结锯齿波同步移相触发电路移相范围的调试方法,思考如果要求在 $U_{ct} = 0$ 的条件下,使 $\alpha = 90°$,应该如何调整。

(3) 分析锯齿波同步移相触发电路实验中出现的各种现象及产生原因。

9. 注意事项

(1) 在该电路实验中,如需要将控制角 α 调节至逆变区,除调节电位器 R_{P1} 外,还需调节电位器 R_{P2} 才可实现。

(2) 由于脉冲"G""K"输出端有电容影响，因此在观测输出脉冲的电压波形时，需将输出端"G""K"分别连接至晶闸管的门极和阴极(或者使用阻值为 100 Ω 左右的电阻，连接到"G""K"两端，用于模拟晶闸管门极和阴极的阻值)，否则无法用示波器观测到正确的脉冲波形。

14.2.2　三相桥式整流电路实验

1. 实验目的

(1) 掌握三相桥式全控整流电路的基本工作原理及接线方式。

(2) 掌握有源逆变电路的基本工作原理及接线方式。

2. 实验所需挂件及附件

进行三相桥式全控整流电路、有源逆变电路实验所需的模块如表 14.4 所示。

表 14.4　三相桥式全控整流电路及有源逆变电路实验模块

序号	型　　号	备　　注
1	DJK01 电源控制屏	该控制屏包含"三相电源输出"等几个模块
2	DJK02 晶闸管主电路	
3	DJK02-1 三相晶闸管触发电路	该挂件包含"触发电路""正反桥功放"等几个模块
4	DJK06 给定及实验器件	该挂件包含"二极管"等几个模块
5	DJK10 变压器实验	该挂件包含"逆变变压器"以及"三相不控整流"模块
6	D42 三相可调电阻	
7	双踪示波器	
8	万用表	

3. 实验线路模块结构

本次实验的主电路由以下几个模块组成：三相全控整流电路；三相不控整流电路(作为逆变直流电源)；触发电路为 DJK02-1 的集成触发电路，由 KC04、KC4l、KC42 等集成芯片组成，可输出经高频调制后的双窄脉冲链。

在三相桥式有源逆变电路中，电阻、电感与三相全控整流电路中的相同，而三相不控整流及心式变压器位于 DJK10 挂件箱上，心式变压器作为升压变压器，逆变输出的电压接心式变压器的中压端 Am、Bm、Cm，返回电网的电压从高压端 A、B、C 端输出，变压器采用 Y/Y 接法。

电阻使用 D42 三相可调电阻，使用外接导线将两个 900 Ω 的电阻并联连接；电感 L_d 在 DJK02 上，电感取值为 700 mH。

4. 实验内容

(1) 三相桥式全控整流电路线路连接，给电阻负载或电阻电感负载供电并观测波形。

(2) 三相桥式有源逆变电路线路连接并运行，分析工作原理。

5. 预习要求

(1) 掌握三相桥式全控整流电路的基本结构及工作原理。

(2) 掌握有源逆变电路的基本结构及工作原理，熟悉实现有源逆变的条件。

(3) 了解有关集成触发电路的内容，掌握该触发电路的工作原理。

6. 思考题

在实现三相桥式整流电路功能或逆变电路功能时，分别对控制角 α 有什么要求？为何会有此种要求？

7. 实验方法

1) DJK02 和 DJK02-1 模块的"触发电路"调试

(1) 开启 DJK01 上的总电源开关，操作"电源控制屏"上的"三相电网电压指示"开关，观测输入的三相电网电压是否处于平衡状态。

(2) 把 DJK01"电源控制屏"上的"调速电源选择开关"调至"直流调速"处。

(3) 使用操作台上 10 芯的扁平电缆，将 DJK02 模块的"三相同步信号输出"端口和 DJK02-1 模块的"三相同步信号输入"端口相连，开启 DJK02-1 模块的电源开关，调节"触发脉冲指示"开关，点亮"窄"的发光管。

(4) 使用示波器观测 A、B、C 三相的锯齿波波形，通过调节相应的电位器来调节 A、B、C 三相的锯齿波斜率，使得 A、B、C 三相的锯齿波斜率尽量保持一致。

(5) 把 DJK06 模块的"给定"输出 U_g 与 DJK02-1 模块的移相控制电压 U_{ct} 相连接，将给定开关 S_2 拨到面板上显示接地的位置($U_{ct} = 0$)，调节 DJK02-1 模块的偏移电压电位器，使用示波器观测 A 相同步电压信号以及"双脉冲观察孔"VT_1 的输出波形，使控制角 $\alpha = 150°$。

(6) 适量增加"给定"输出 U_g 的电压输出，观测 DJK02-1 模块中"脉冲观察孔"的波形，此时应该可以观测到单窄脉冲和双窄脉冲。

(7) 使用操作台上的 8 芯扁平电缆，将 DJK02-1 模块的"触发脉冲输出"端口和"触发脉冲输入"端口相连接，使得触发脉冲可以施加到正反桥功放的输入端。

(8) 将 DJK02-1 模块的 U_{lf} 端口接地，使用操作台上的 20 芯扁平电缆，将 DJK02-1 模块的"正桥触发脉冲输出"端口和 DJK02 模块的"正桥触发脉冲输入"端口相连接，将 DJK02 模块的"正桥触发脉冲"六个开关拨至"通"状态，观测正桥 $VT_1 \sim VT_6$ 晶闸管门极和阴极之间的触发脉冲是否处于正常状态。

2) 三相桥式全控整流电路

按照三相桥式全控整流电路的线路图进行线路连接，将 DJK06 模块的"给定"输出调到零(对应旋钮逆时针旋到底)，同时，为了防止电路中出现过电流，需要将电阻器调至最大阻值处，按下"启动"按键，调节给定电位器使得移相电压增大，使控制角 α 在 $30° \sim 120°$ 的范围内变化，调整负载电阻 R，使流过负载电阻的电流 I_d 保持在 0.6 A 左右，调节的过程中需要注意电流 I_d 取值不可超过 0.65 A。用示波器观测并记录 $\alpha = 30°$、$60°$ 及 $90°$ 时三相桥式全控整流电路输出电压 U_d 和晶闸管两端电压 U_{VT} 的波形，将观测的结果记录于表 14.5 中。

表 14.5　三相桥式全控整流电路实验数据表

α	30°	60°	90°
U_2/V			
U_d(记录值) / V			
U_d / U_2			
U_d(计算值)/V			

计算公式：

$$U_d = 2.34U_2\cos\alpha \qquad (\alpha = 0° \sim 60°) \tag{14-1}$$

$$U_d = 2.34U_2\left[1 + \cos\alpha\left(a + \frac{\pi}{3}\right)\right] \qquad (\alpha = 60° \sim 120°) \tag{14-2}$$

3) 三相桥式有源逆变电路

按照三相桥式有源逆变电路的线路图进行线路连接，将 DJK06 模块的"给定"输出调到零(对应旋钮逆时针旋到底)，为了防止电路中的电流过大导致仪器损坏，需要将电阻器调节至最大阻值处，按下"启动"按键，调节给定电位器来增大移相电压，使 β 角在 30° ～ 90° 的范围内变化，通过调整负载电阻 R 的阻值，使流过电阻负载的电流 I_d 保持在 0.6A 左右，调节的过程中需要注意电流 I_d 取值不可超过 0.65 A。用示波器观测并记录 $\beta = 30°$、60°、90° 时三相桥式有源逆变电路输出电压 U_d 和晶闸管两端电压 U_{VT} 的波形，并将观测的结果记录于表 14.6 中。

表 14.6　三相桥式有源逆变电路实验数据表

β	30°	60°	90°
U_2 / V			
U_d(记录值) / V			
U_d / U_2			
U_d(计算值) / V			

计算公式：

$$U_d = 2.34U_2\cos(180° - \beta) \tag{14-3}$$

4) 故障现象的模拟

当 $\beta = 60°$ 时，将触发脉冲开关调至"断开"的位置，以此来模拟晶闸管突然失去门极触发脉冲的故障，观测并记录产生此种故障时 U_d、U_{VT} 的波形，同时，与正常情况的波形进行对比，分析此种故障造成的结果。

8. 实验报告

(1) 根据实验观测结果，绘制电路的移相特性 $U_d = f(\alpha)$。

(2) 绘制当控制角取不同值时，例如 $\alpha = 30°$、45°、60°、90° 时的三相桥式整流电压

波形 U_d 和晶闸管两端电压 U_{VT} 的波形(可选取任意一个晶闸管进行绘制)。

(3) 分析设置故障时,出现各类故障现象的原因。

9. 注意事项

(1) 在本次实验过程中,触发脉冲由外部模块接入 DJK02 模块中晶闸管的门极 G 和阴极 K,此刻,需将所使用的晶闸管对应的正桥触发脉冲或反桥触发脉冲的开关拨至"断开"的位置处,并将 U_{lf} 及 U_{lr} 两个端口置于悬空状态,避免产生误触发的情况。

(2) 为了防止电路启动过程中出现过大的电流,启动时需要将负载电阻 R 调至最大阻值。

(3) 三相不控整流桥的输入端可加接三相自耦调压器,以此来降低有源逆变电路使用的直流电源的电压取值。

14.2.3　晶闸管直流调速系统主要单元的调试

在进行单闭环直流电机调速实验和双闭环直流电机调速实验之前,需要对直流电机调速系统中的主要单元进行调试,本节介绍调试的方式方法。

1. 实验目的

(1) 了解直流调速系统主要的结构模块,各个模块的作用、工作原理,及单闭环或双闭环调速系统对各个模块的要求。

(2) 掌握直流调速系统主要模块中元件的调试方法及对应效果。

2. 实验所需挂件及附件

进行晶闸管单闭环或双闭环直流调速系统主要模块调试所需要的挂件如表 14.7 所示。

表 14.7　实 验 挂 件 表

序号	型　号	备　注
1	DJK01 电源控制屏	该控制屏包含"三相电源输出"等几个模块
2	DJK04 电机调速控制实验 I	该挂件包含"给定""调节器 I""调节器 II""电流反馈与过流保护"等几个模块
3	DJK04-1 电机调速控制实验 II	该挂件包含"转矩极性鉴别""零电平鉴别""逻辑变换控制"等几个模块,完成选做实验项目时需要
4	DJK06 给定及实验器件	该挂件包含"给定"等几个模块
5	DJK08 可调电阻、电容箱	
6	慢扫描示波器	
7	万用表	

3. 实验内容

(1) 挂件箱上调节器 I (速度调节器)的参数调试。

(2) 挂件箱上调节器 II (电流调节器)的参数调试。

(3) 挂件箱上反号器的参数调试。

(4) 挂件箱上"转矩极性鉴别"及"零电平鉴别"模块的参数调试。

(5) 挂件箱上逻辑控制器的参数调试。

4. 实验方法

将 DJK04 挂件箱上的 10 芯电源线、DJK04-1 和 DJK06 挂件箱上的蓝色 3 芯电源线与控制屏对应的电源插座连接，开启 DJK04 挂件箱上的电源开关。

1) 调节器Ⅰ(速度调节器)的调试

(1) 调节器调零。

将 DJK04 模块中"调节器Ⅰ"的所有输入端口接地，再将 DJK08 模块中的 120 kΩ 可调电阻接到"调节器Ⅰ"的"4"号、"5"号两端口，用外部导线将"5"号、"6"号端口短接，使"调节器Ⅰ"成为比例调节器。将万用表调至毫伏档，用于测量"调节器Ⅰ"的"7"号端口的输出信号，通过调节面板上的调零电位器 R_{P3}，使其输出的电压数值接近零。

(2) 调整输出正、负限幅值。

将"5"号、"6"号端口的短接线去掉，将 DJK08 模块中的 0.47 μF 可调电容接入"5"号、"6"号端口的两端，使调节器成为比例积分调节器，把"调节器Ⅰ"中所有输入端口的接地线移除，将 DJK04 模块的给定输出端口接到"调节器Ⅰ"的"3"号端口。当施加+5 V 的正给定电压时，调节负限幅电位器 R_{P2}，观察调节器负电压输出的变化情况；当调节器输入端施加 − 5 V 的负给定电压时，调节正限幅电位器 R_{P1}，观察调节器正电压输出的变化情况。

(3) 测定输入输出特性。

将"5"号、"6"号端口短接，使反馈网络中的电容短接，将"调节器Ⅰ"变为比例调节器，与此同时，将正、负限幅电位器 R_{P1} 和 R_{P2} 的旋钮都顺时针旋到底，在调节器的输入端口分别逐渐加入正、负电压，观测相应的输出电压变化情况，直至输出达到限幅值，绘制出对应的曲线。

(4) 观察 PI 特性。

拆除"5"号、"6"号端口的短接线，给调节器输入端突加给定电压，用慢扫描示波器观察输出电压的变化规律。改变调节器的外接电阻和电容值(改变放大倍数和积分时间)，观察输出电压的变化。

2) 调节器Ⅱ(电流调节器)的调试

(1) 调节器的调零。

将 DJK04 模块中"调节器Ⅱ"的所有输入端接地，再将 DJK08 中的 13 kΩ 可调电阻连接至"调节器Ⅱ"的"8"号、"9"号端口两端，使用外接导线将"9"号、"10"号端口短接，使"调节器Ⅱ"成为比例调节器。将万用表调至毫伏档，用于测量调节器Ⅱ的"11"号端口的输出信号，调节面板上的调零电位器 R_{P3}，使输出的电压取值尽可能接近于零。

(2) 调整输出正、负限幅值。

把"9"号、"10"号端口的短接线移除，将 DJK08 模块中的 0.47 μF 可调电容接入"9"号、"10"号端口两端，使调节器成为比例积分调节器，把"调节器Ⅱ"的所有输入端口的接地线移除，将 DJK04 模块的给定输出端接到调节器Ⅱ的"4"号端口。当施加 +5 V 的正给定电压时，调整负限幅电位器 R_{P2}，观测调节器负电压输出的变化情况；当调节器输入端施加 −5 V 的负给定电压时，调整正限幅电位器 R_{P1}，观测调节器正电压输出的变化情况。

(3) 测定输入输出特性。

将"9"号、"10"号端口短接，使反馈网络中的电容短接，将"调节器Ⅱ"变为比例调节器，与此同时，把正、负限幅电位器 R_{P1} 和 R_{P2} 均顺时针旋到底，在调节器的输入端分别逐渐加入正、负电压，观测相应的输出电压变化，直至输出达到系统的限幅值，并绘制对应的曲线。

(4) 观察 PI 特性。

拆除"9"号、"10"号端口的短接线，突加给定电压，用慢扫描示波器观察输出电压的变化情况。改变调节器的外接电阻和电容值(改变放大倍数和积分时间)，观察输出电压的变化。

3) 反号器的调试

测定输入和输出的比例，将反号器输入"1"端口接到"给定"的输出端口，调节"给定"输出电压为 5 V，使用万用表测量"2"端口的输出是否取值为 -5 V，如果两者不相等，则调节 R_{P1}，使输出取值等于负的输入取值。再调节"给定"电压使输出电压为 -5 V，观测反号器的输出电压是否为 5 V。

4) "转矩极性鉴别"模块及"零电平鉴别"模块的调试

(1) 测定"转矩极性鉴别"模块的环宽，一般情况下，环宽为 0.4～0.6 V，记录高电平的电压值，调节模块中的 R_{P1} 使特性满足要求，让"转矩极性鉴别"模块的特性范围在 -0.25 V～0.25 V。

"转矩极性鉴别"模块的具体调试方法如下：

① 调节给定电压 U_g，使"转矩极性鉴别"模块的"1"脚电压取值大约为 0.25 V，调节电位器 R_{P1}，恰好使其"2"端口的输出从"高电平"变为"低电平"。

② 从 0 V 起调负给定电压，当"转矩极性鉴别"模块的"2"端口从"低电平"跃变为"高电平"时，检测"转矩极性鉴别"模块的"1"端口电压，取值应为 -0.25 V 左右，如不符合上述现象，则应适当调节电位器 R_{P1}，使"2"端口的输出由"高电平"变为"低电平"。

③ 重复以上描述的步骤，观测正、负给定时跳变点是否基本对称，如有偏差则适当调节，使得正负的跳变电压的绝对值基本相等。

(2) 测定"零电平鉴别"模块的环宽，一般环宽也为 0.4～0.6 V，调节电位器 R_{P1}，使回环沿纵坐标右侧偏离 0.2 V，即特性范围在 0.2 V～0.6 V。

"零电平鉴别"具体调试方法如下：

① 调节给定电压 U_g，使"零电平鉴别"模块的"1"端口输入约为 0.6 V 的电压，调节电位器 R_{P1}，恰好使"2"端口的输出从"高电平"跃变为"低电平"。

② 慢慢减小给定电压，当"零电平鉴别"模块的"2"端口输出从"低电平"跃变为"高电平"时，检测"零电平鉴别"模块的"1"端口输入电压，取值应为 0.2 V 左右，如不符合上述现象则应调整电位器。

(3) 根据测得数据，绘制两个电平检测器的回环特性。

5) 逻辑控制器的调试

(1) 将 DJK04 中的"给定"输出连接到 DJK04-1 中"逻辑控制"模块的"U_m"输入端

口，将 DJK06 的"给定"输出连接到 DJK04-1 中"逻辑控制"模块的"U_I"输入端口，并将 DJK04、DJK04-1、DJK06 挂件共地。

(2) 将 DJK04 和 DJK06"给定"的电位器 R_{P1} 都顺时针旋转到底，将给定部分的 S_2 开关拨到运行侧，表示输出是"1"，S_2 开关拨到停止侧，表示输出是"0"。

(3) 当两个给定都输出为"1"时，使用万用表测量逻辑控制的"3(U_Z)"、"6(U_{1f})"端口，输出应该是"0"，"4(U_F)"、"7(U_{1r})"端口的输出应该是"1"，依次按表 14.8 从左到右的顺序，控制 DJK04 和 DJK06"给定"的输出状态，同时使用万用表测量逻辑控制的"U_Z"、"U_{1f}"和"U_F"、"U_{1r}"端的输出是否符合表 14.8 所示。

表 14.8　输入输出电平表

输入	U_m	1	1	0	0	0	1
	U_I	1	0	0	1	0	0
输出	U_Z(U_{1f})	0	0	0	1	1	1
	U_F(U_{1r})	1	1	1	0	0	0

14.2.4　单闭环直流电机调速系统实验

1. 实验目的

(1) 掌握单闭环直流电机调速系统的基本工作原理、组成模块及各个模块的作用。

(2) 掌握晶闸管直流电机调速系统的调试方式方法。

(3) 掌握闭环反馈控制系统的概念、特点和工作原理。

2. 实验所需挂件及附件

完成单闭环直流电机调速系统实验所需模块如表 14.9 所示。

表 14.9　单闭环直流电机调速系统实验模块表

序号	型　号	备　注
1	DJK01 电源控制屏	该控制屏包含"三相电源输出"等几个模块
2	DJK02 晶闸管主电路	
3	DJK02-1 三相晶闸管触发电路	该挂件包含"触发电路""正反桥功放"等几个模块
4	DJK04 电机调速控制实验 I	该挂件包含"给定""调节器 I""调节器 II"、"转速变换"、"电流反馈与过流保护""电压隔离器"等几个模块
5	DJK08 可调电阻、电容箱	
6	DD03-3 电机导轨、光码盘测速系统及数显转速表	
7	DJ13-1 直流发电机	
8	DJ15 直流并励电动机	
9	D42 三相可调电阻	
10	慢扫描示波器	
11	万用表	

3. 实验线路及原理

为了提高直流调速系统的动静态性能指标,通常采用闭环控制系统(包括单闭环系统和多闭环系统)。对直流调速指标要求不高的应用场合,通常只采用单闭环系统,而对直流调速指标要求较高的应用场合,则采用多闭环系统。系统按照反馈的方式不同,可分为如图14.2 所示的转速反馈、如图14.3 所示的电流反馈和如图14.4 所示的电压反馈。在单闭环直流调速系统中,使用较多的是转速单闭环反馈方式。

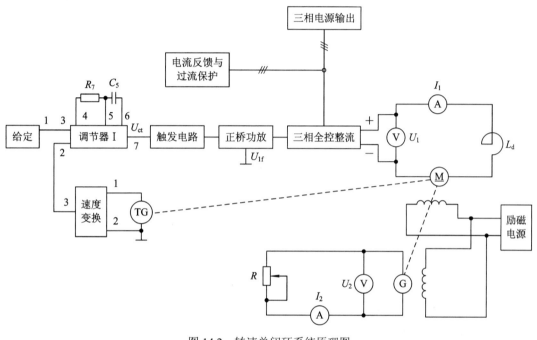

图 14.2　转速单闭环系统原理图

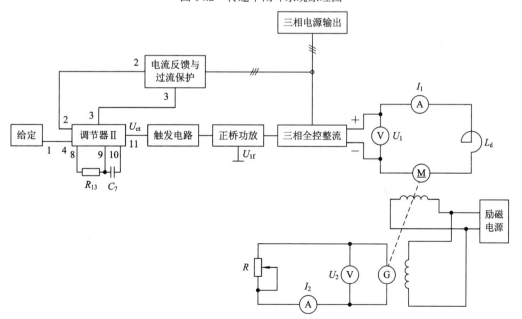

图 14.3　电流单闭环系统原理图

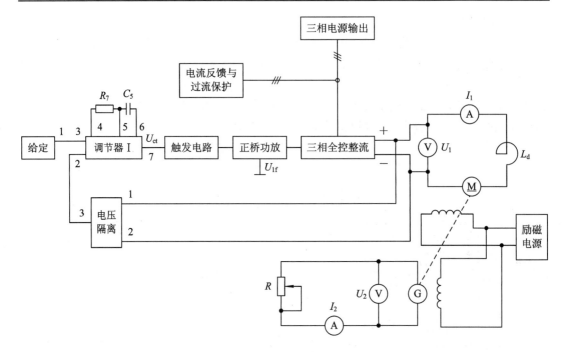

图 14.4　电压单闭环系统原理图

　　在本实验系统中，转速单闭环实验将反映转速变化的电压信号作为反馈信号，经"转速变换"模块处理后使用外部导线连接到"速度调节器"模块的输入端，与"给定"的电压相比较并且放大后，得到系统的移相控制电压 U_{ct}，此电压作为控制整流桥的"触发电路"，触发脉冲经过功放后施加到晶闸管的门极和阴极之间，用于改变"三相全控整流"电路的输出电压，以上各个模块组合构成了转速负反馈单闭环系统。在该系统中，直流电机的转速随着给定电压的变化而变化，直流电机的最大转速由速度调节器的输出限幅值决定，速度调节器采用比例调节器，因此对阶跃输入有稳态误差，如需消除此种误差，需要将调节器换成比例积分调节器。使用比例积分调节器后当"给定"为恒定取值时，闭环系统将对速度变化起抑制作用，当电机负载或电源电压产生波动时，直流电机的转速能稳定在一定的范围内变化。

　　在电流单闭环反馈系统中，将反映电流变化的电流互感器输出电压信号作为反馈信号加到"电流调节器"的输入端，与"给定"的电压相比较，而后经过放大，便可得到移相控制电压 U_{ct}，用于控制整流桥的"触发电路"，改变"三相全控整流"电路的输出电压，从而形成了电流负反馈闭环系统。在该系统中，电机的最高转速由电流调节器的输出限幅所决定。同样，电流调节器若采用比例调节器，对于阶跃输入将会产生稳态误差，如果要消除此种误差，则需将调节器换成比例积分调节器。使用比例积分调节器后当"给定"取值为恒定时，闭环系统对电枢电流变化起到抑制的作用，当直流电机负载或电源电压波动时，直流电机的电枢电流能稳定在一定的范围内变化。

　　在电压单闭环反馈系统中，将反映电压变化的电压隔离器输出电压信号作为反馈信号加到"电压调节器"的输入端，与"给定"的电压相比较，而后经过放大，便可得到移相控制电压 U_{ct}，用于控制整流桥的"触发电路"，改变"三相全控整流"电路的电压输出，从而形成了电压负反馈闭环系统。在该系统中，直流电机的最高转速由电压调节器的输出限幅决定。同样，调节器若采用比例调节器，对于阶跃输入将会产生稳态误差，如果要消除该误差，需要将调节器换成比例积分调节器。使用比例积分调节器后当"给定"取值为恒定时，闭环系统对电枢电压变化起到了抑制作用，当直流电机负载或电源电压波动时，电机的电枢电压能稳定在一定的范围内变化。

在本实验项目中，DJK04 模块上的"调节器 I"作为"速度调节器"和"电压调节器"使用，"调节器 II"作为"电流调节器"使用。

4. 实验内容

(1) 完成 DJK04 模块上基本单元的调试。

(2) 实现 U_{ct} 参数不变时，直流电机开环特性的测定。

(3) 实现 U_d 参数不变时，直流电机开环特性的测定。

(4) 实现转速单闭环直流调速系统线路的连接和运行。

(5) 实现电流单闭环直流调速系统线路的连接和运行。

(6) 实现电压单闭环直流调速系统线路的连接和运行。

5. 预习要求

(1) 掌握直流调速系统、闭环反馈控制系统的内容。

(2) 掌握调节器的基本工作原理。

(3) 根据实验原理图，能够绘制实验系统的详细接线图，并理解各控制单元在调速系统中的作用。

6. 思考题

(1) 比例调节器和比例积分调节器在直流调速系统中的作用和特点有何不同之处？

(2) 在实验的过程中，如何确定转速反馈的极性并把转速反馈正确地接入实验系统中？调节什么元件能改变转速反馈的强度？

(3) 调整"调节器 I"和"调节器 II"上可变电阻、电容的数值，会产生什么影响？

7. 实验方法

1) DJK02 和 DJK02-1 上的"触发电路"调试

(1) 打开 DJK01 的总电源开关，操作"电源控制屏"上的"三相电网电压指示"开关，观测输入的三相电网电压是否处于平衡状态。

(2) 将 DJK01 "电源控制屏"上的"调速电源选择开关"拨至"直流调速"侧。

(3) 使用 10 芯的扁平电缆，把 DJK02 上的"三相同步信号输出"端和 DJK02-1 上的"三相同步信号输入"端相连接，打开 DJK02-1 上的电源开关，拨动"触发脉冲指示"的开关，点亮"窄"的发光管。

(4) 观测 A、B、C 三相的锯齿波波形，并调节控制 A、B、C 三相锯齿波斜率的电位器(位于各观测孔的左侧)，使 A、B、C 三相的锯齿波斜率尽可能保持一致。

(5) 将 DJK04 上的"给定"输出 U_g 与 DJK02-1 上的移相控制电压 U_{ct} 相连接，将给定开关 S$_2$ 拨至接地位置($U_{ct}=0$)，调节 DJK02-1 上的偏移电压电位器，使用示波器观测 A 相同步电压信号和"双脉冲观察孔"VT$_1$ 的输出波形，使 $\alpha=120°$。

(6) 适当增大给定 U_g 的正电压输出，观测 DJK02-1 模块上 "脉冲观察孔" 的波形，此时应观测到单窄脉冲和双窄脉冲。

(7) 使用 8 芯的扁平电缆，把 DJK02-1 模块上的 "触发脉冲输出" 和 "触发脉冲输入" 相连接，使得触发脉冲施加到正反桥功放的输入端。

(8) 将 DJK02-1 模块上的 U_{lf} 端接地，使用 20 芯的扁平电缆，把 DJK02-1 的 "正桥触发脉冲输出" 端和 DJK02 "正桥触发脉冲输入" 端相连接，并将 DJK02 "正桥触发脉冲" 的六个开关拨至 "通"，观察正桥 $VT_1 \sim VT_6$ 6 个晶闸管门极(G)和阴极(K)之间的触发脉冲是否处于正常状态。

2) U_{ct} 不变时直流电机开环外特性的测定

(1) DJK02-1 模块上的移相控制电压 U_{ct} 由 DJK04 模块上的 "给定" 输出电压 U_g 直接接入，直流发电机接电阻负载 R，L_d 使用 DJK02 上 200 mH 的电感，将给定的输出调节至零。

(2) 先闭合励磁电源开关，按下 DJK01 上的 "电源控制屏" 启动按键，使主电路输出三相交流电源，然后从零开始逐渐增加 "给定" 电压 U_g，使直流电机慢慢启动并使转速 n 数值达到 1200 r/min。

(3) 改变负载电阻 R 的阻值，使直流电机的电枢电流从空载状态上升至 I_{ed}，可测出在 U_{ct} 不变的情况下，直流电机的开环外特性 $n = f(I_d)$，测量并记录数据于表 14.10 中。

表 14.10　数据记录表(一)

$n / $(r/min)						
$I_d / $A						

3) U_d 不变时直流电机开环外特性的测定

(1) 控制电压 U_{ct} 由 DJK04 模块的 "给定" 电压 U_g 接入，直流发电机接电阻负载 R，L_d 用 DJK02 模块上 200 mH 的电感，将给定电压的输出取值调到零。

(2) 按下 DJK01 上的 "电源控制屏" 启动按键，然后从零开始逐渐增加给定电压 U_g，使直流电机慢慢启动并使转速达到 1200 r/min。

(3) 改变电阻负载 R 的阻值，使直流电机的电枢电流从空载状态上升至 I_{ed}，使用万用表监测三相全控整流输出的直流电压 U_d，与此同时，始终保持直流电压 U_d 恒定(通过不断调节 DJK04 模块上的 "给定" 电压 U_g 来实现)，测出在 U_d 保持不变的情况下，直流电机的开环外特性 $n = f(I_d)$，并记录数据于表 14.11 中。

表 14.11　数据记录表(二)

$n / $(r/min)						
$I_d / $A						

4) 基本单元部件调试

(1) 移相控制电压 U_{ct} 调节范围的确定。

将 DJK04 模块的 "给定" 电压 U_g 接入 DJK02-1 模块上的移相控制电压 U_{ct} 的输入端，"三相全控整流" 输出接电阻负载 R，使用示波器观察输出电压 U_d 的波形。当给定电压

U_g 由零慢慢增大时,输出电压 U_d 的取值将随给定电压的增大而增大,当给定电压 U_g 超过某一数值时,此时输出电压 U_d 接近为输出最高电压值 U_d',一般可确定"三相全控整流"电路输出电压允许范围的最大值为 $U_{dmax} = 0.9U_d'$,调节给定电压 U_g 使"三相全控整流"电路输出电压等于 U_{dmax},此时将对应的 U_g' 的电压值记录下来,$U_{ctmax} = U_g'$,即 U_g 的允许调节范围为 $0 \sim U_{ctmax}$。如果将输出限幅定为 U_{ctmax},则"三相全控整流"电路的输出范围就被限定,不会使电路工作到极限值状态,保证了 6 个晶闸管能够正常工作。记录 U_g' 的数值于表 14.12 中。

表 14.12 数据记录表(三)

U_d'	
$U_{dmax} = 0.9U_d'$	
$U_{ctmax} = U_g'$	

将给定退到零,再按下"停止"按键,结束本操作步骤。

(2) 调节器的调整。

① 调节器的调零。

将 DJK04 模块中"调节器 I "所有的输入端口接地,再将 DJK08 模块中的可调电阻 40 kΩ 接到"调节器 I "的"4"号、"5"号端口两端,用外部导线将"5"号、"6"号端口短接,使"调节器 I "成为比例调节器。将万用表调至毫伏档,用于测量"调节器 I "的"7"号端口的输出参数,调节面板上的调零电位器 R_{P3},使之输出的电压尽可能接近于零。

将 DJK04 模块中"调节器 II "所有的输入端口接地,再将 DJK08 模块中的可调电阻 13 kΩ 接到"调节器 II "的"8"号、"9"号端口两端,用外部导线将"9"号、"10"号端口短接,使"调节器 II "成为比例调节器。将万用表调至毫伏档,用于测量调节器 II 的"11"号端口的输出参数,调节面板上的调零电位器 R_{P3},使之输出的电压尽可能接近于零。

② 正、负限幅值的调整。

把"调节器 I "的"5"号、"6"号端口间的短接线去掉,将 DJK08 模块中的可调电容 0.47 μF 接入"5"号、"6"号端口两端,使调节器 I 成为比例积分调节器,将"调节器 I "的所有输入端的接地线移除,DJK04 模块的给定输出端接到调节器 I 的"3"号端口。当施加 +5 V 的正给定电压时,调整负限幅电位器 R_{P2},使其输出的电压数值尽可能接近于零;当调节器输入端施加 −5 V 的负给定电压时,调整正限幅电位器 R_{P1},使调节器 I 的输出正限幅为 U_{ctmax}。

把"调节器 II "的"9"号、"10"号端口的短接线去掉,将 DJK08 模块中的可调电容 0.47 uF 接入"9"号、"10"号端口两端,使调节器成为比例积分调节器,将"调节器 II "的所有输入端的接地线移除,DJK04 模块的给定输出端接到调节器 II 的"4"号端口。当施加 +5 V 的正给定电压时,调整负限幅电位器 R_{P2},使之输出的电压取值尽可能接近于零;当调节器输入端施加 −5 V 的负给定电压时,调整正限幅电位器 R_{P1},使调节器 II 的输出电压正限幅为 U_{ctmax}。

③ 电流反馈系数的整定。

直接将"给定"电压 U_g 接入 DJK02-1 模块中的移相控制电压 U_{ct} 的输入端,整流桥输

出接电阻负载 R，负载电阻放在最大值，输出给定调到零。

按下启动按键，从零开始增加给定，使输出电压升高，当 $U_d = 220$ V 时，降低电阻负载的阻值，调节"电流反馈与过流保护"上的电流反馈电位器 R_{P1}，使负载电流 $I_d = 1.3$ A 时，"2"号端口 I_f 的电流反馈电压 $U_{fi} = 6$ V，这时的电流反馈系数 $\beta = U_{fi} / I_d = 4.615$ V/A。

④ 转速反馈系数的整定。

直接将"给定"电压 U_g 接入 DJK02-1 模块中的移相控制电压 U_{ct} 的输入端，整流桥电路接直流电机负载，L_d 用 DJK02 上 200 mH 的电感，输出给定调到零。

按下启动按键，接通励磁电源，从零开始逐步增加给定，使直流电机的转速提速到 $n = 1500$ r/min 时，调节"转速变换"上的转速反馈电位器 R_{P1}，使得该转速时反馈电压 $U_{fn} = -6$ V，这时的转速反馈系数 $\alpha = U_{fn} / n = 0.004$ V/(r/min)。

⑤ 电压反馈系数的整定。

将控制屏上的励磁电压接到电压隔离器的"1、2"端口处，用直流电压表测量电压隔离器的输入电压 U_d，根据电压反馈系数 $\gamma = 6$ V/220 V = 0.0273，调节电位器 R_{P1} 使电压隔离器的输出电压恰好为 $U_{fn} = U_d\gamma$。

5) 转速单闭环直流调速系统

(1) 按图 14.2 接线，在本电路中，DJK04 模块的"给定"电压 U_g 为负给定，转速反馈为正电压，将"调节器 I"接成比例调节器或比例积分调节器。直流发电机接电阻负载 R，L_d 用 DJK02 上 200 mH 的电感，给定输出调到零。

(2) 直流发电机先接入轻载，从零开始逐步增大"给定"电压 U_g，使直流电机的转速 n 接近 1200 r/min。

(3) 逐步增大直流发电机负载 R 的数值，测出直流电机的电枢电流 I_d、电机的转速 n，直至 $I_d = I_{ed}$，而后测出系统静态特性曲线 $n = f(I_d)$。将数据记录于表 14.13 中。

表 14.13　数据记录表(四)

n / (r/min)						
I_d / A						

6) 电流单闭环直流调速系统

(1) 按图 14.3 接线，在本电路中，给定电压 U_g 为负给定，电流反馈为正电压，将"调节器 II"接成比例调节器或比例积分调节器。直流发电机接电阻负载 R，L_d 用 DJK02 上 200 mH 的电感，将给定输出调到零。

(2) 直流发电机先接入轻载，从零开始逐步增大"给定"电压 U_g，使直流电机的转速 n 接近 1200 r/min。

(3) 逐步增大直流发电机负载 R 的数值，测出直流电机的电枢电流 I_d、电机的转速 n，直至最大允许电流，而后测出系统静态特性曲线 $n = f(I_d)$。将数据记录于表 14.14 中。

表 14.14　数据记录表(五)

n / (r/min)						
I_d / A						

7) 电压单闭环直流调速系统

(1) 按图 14.4 接线，在本电路中，给定 U_g 为负给定，电压反馈为正电压，将"调节器 Ⅰ"接成比例调节器或比例积分调节器。直流发电机接电阻负载 R，L_d 用 DJK02 上 200 mH 的电感，将给定输出调到零，在"电压隔离器"输出端"3"号端口与地之间并联 6 μF 电容(该电容可从 DJK08 模块中获得)。

(2) 直流发电机先接入轻载，从零开始逐步增大"给定"电压 U_g，使直流电机的转速 n 接近 1200 r/min。

(3) 逐步增大直流发电机负载 R 的数值，测出直流电机的电枢电流 I_d、电机的转速 n，直至电机的最大允许电流 $I_d = I_{ed}$，而后测出系统静态特性曲线 $n = f(I_d)$。将数据记录于表 14.15 中。

表 14.15　数 据 记 录 表(六)

n / (r/min)							
I_d / A							

8. 实验报告

(1) 依据实验结果，绘制出 U_{ct} 不变时，直流电机的开环机械特性。

(2) 依据实验结果，绘制出 U_d 不变时，直流电机的开环机械特性。

(3) 依据实验结果，绘制出转速单闭环直流调速系统的机械特性。

(4) 依据实验结果，绘制出电流单闭环直流调速系统的机械特性。

(5) 依据实验结果，绘制出电压单闭环直流调速系统的机械特性。

(6) 比较以上各种机械特性，并分析介绍产生此种特性的原因。

9. 注意事项

(1) 在直流电机启动前，应先加上电机的励磁，才能使直流电机启动。在启动电机前，必须先把移相控制电压调为零，这样可以使整流电路的输出电压为零，这时才可以逐渐增大给定电压，不能在开环或速度闭环时突然施加给定电压，否则会引起过大的启动电流，使过流保护产生动作、告警、跳闸。

(2) 通电实验时，可先使用电阻作为整流桥的负载，等确认电路能够正常工作后，再将直流电机作为整流桥的负载。

(3) 在连接反馈信号时，给定信号的极性必须与反馈信号的极性相反，确保为负反馈，否则会造成失控现象的发生。

(4) 在完成电压单闭环直流调速系统实验时，由于晶闸管整流输出的波形不仅有直流成分，同时还包含有大量的交流信号，所以在电压隔离器输出端必须要接电容进行滤波，否则系统必定会发生震荡。

(5) 直流电机的电枢电流不能超过额定值，直流电机的转速也不要超过额定值的 1.2 倍，否则会影响直流电机的使用寿命，或发生意外情况。

(6) DJK04 模块与 DJK02-1 模块不共地,因此实验过程中须短接 DJK04 模块与 DJK02-1 模块的地。

14.2.5　双闭环直流电机调速系统实验

1. 实验目的

(1) 了解双闭环直流电机调速系统的基本工作原理、组成模块及各模块的作用和原理。

(2) 掌握双闭环直流电机调速系统的调试步骤、方法及模块参数的整定。

(3) 研究调节器参数对系统动态性能的影响。

2. 实验所需挂件及附件

完成双闭环直流电机调速系统实验所需的挂件及附件如表 14.16 所示。

表 14.16　完成双闭环直流电机调速系统实验所需的挂件及附件

序号	型　号	备　注
1	DJK01 电源控制屏	该控制屏包含"三相电源输出"等几个模块
2	DJK02 晶闸管主电路	
3	DJK02-1 三相晶闸管触发电路	该挂件包含"触发电路""正反桥功放"等几个模块
4	DJK04 电机调速控制实验 I	该挂件包含"给定""调节器 I ""调节器 II ""转速变换""电流反馈与过流保护"等几个模块
5	DJK08 可调电阻、电容箱	
6	DD03-3 电机导轨、光码盘测速系统及数显转速表	
7	DJ13-1 直流发电机	
8	DJ15 直流并励电动机	
9	D42 三相可调电阻	
10	慢扫描示波器	
11	万用表	

3. 实验线路及原理

在工业中，许多的生产机械，由于加工和运行的要求，使系统中的电机经常处于启动、制动、反转的过渡过程中，因此启动和制动过程所需的时间很大程度上决定了系统的生产效率。为缩短启动、制动所需的时间，提高生产效率，仅使用带有转速负反馈的单闭环直流调速系统性能并不令人满意，而双闭环直流电机调速系统可以实现此目标。该系统由速度调节器和电流调节器组合进行调节，可获得良好的静态性能和动态性能(双闭环系统中的两个调节器均采用比例积分调节器)。由于调整系统的主要参量为转速，故将转速环作为主环放在外面(称为外环)，将电流环作为副环放在里面(称为内环)，这样的组合方式可以抑制电网电压扰动对转速的影响。

4. 实验内容

(1) 调试各控制模块的参数。

(2) 测定双闭环直流调速系统中的电流反馈系数 β、转速反馈系数 α。

(3) 测定开环机械特性及高、低转速时系统闭环静态特性 $n = f(I_d)$。

(4) 测定闭环控制特性 $n = f(U_g)$。

(5) 观察、记录双闭环直流调速系统的动态波形。

5. 预习要求

(1) 掌握双闭环直流调速系统的基本结构及工作原理。

(2) 掌握比例积分调节器在双闭环直流调速系统中的功能,掌握调节器参数的选定方法。

(3) 掌握调节器参数、反馈系数、滤波环节参数的变化对系统静态特性、动态特性的影响。

6. 思考题

(1) 为何双闭环直流调速系统中使用的调节器均为比例积分调节器?

(2) 转速负反馈的极性如果接反会对系统造成什么影响?

(3) 双闭环直流调速系统中哪些参数的变化会引起直流电机转速的改变?哪些参数的变化会引起直流电机最大电流的变化?

7. 实验方法

1) 双闭环直流调速系统调试原则

(1) 先单元、后系统,即先将各个单元的参数调整好,再组成系统。

(2) 先开环、后闭环,即先使系统工作在开环的状态,再确定电流和转速均为负反馈后,才可组成闭环系统。

(3) 先内环、后外环,即先完成电流内环的调试,再完成转速外环的调试。

(4) 先调整稳态精度,后调整动态指标。

2) DJK02 和 DJK02-1 上的"触发电路"调试

(1) 开启 DJK01 模块的总电源开关,操作"电源控制屏"上的"三相电网电压指示"开关,观察输入的三相电网电压是否处在平衡状态。

(2) 将 DJK01 模块中"电源控制屏"上的"调速电源选择开关"拨至"直流调速"侧。

(3) 使用 10 芯的扁平电缆,将 DJK02 模块的"三相同步信号输出"端和 DJK02-1 模块的"三相同步信号输入"端相连,打开 DJK02-1 模块中的电源开关,调节"触发脉冲指示"开关,点亮"窄"的发光管。

(4) 观测 A、B、C 三相的锯齿波波形,并调节 A、B、C 三相锯齿波斜率调节电位器(位于各个观测孔的左侧),使 A、B、C 三相锯齿波斜率尽可能保持一致。

(5) 将 DJK04 模块上的"给定"输出电压 U_g 与 DJK02-1 模块上的移相控制电压 U_{ct} 相连接,将给定开关 S_2 拨到接地的位置(即 $U_{ct} = 0$),调节 DJK02-1 模块上的偏移电压电位器,用双踪示波器观察 A 相同步电压信号和"双脉冲观察孔" VT_1 的输出波形,使 $\alpha = 150°$。

(6) 适当增大给定电压 U_g 的正电压输出,观测 DJK02-1 模块上"脉冲观察孔"的波形,此刻应观测到单窄脉冲和双窄脉冲波形。

(7) 使用 8 芯的扁平电缆,把 DJK02-1 模块上的"触发脉冲输出"和"触发脉冲输入"相连接,使得触发脉冲施加到正反桥功放的输入端。

(8) 将 DJK02-1 模块上的 U_{lf} 端口接地，使用 20 芯的扁平电缆，将 DJK02-1 模块的"正桥触发脉冲输出"端和 DJK02 模块的"正桥触发脉冲输入"端相连接，并将 DJK02 模块中"正桥触发脉冲"的六个开关拨至"通"，观察正桥 $VT_1 \sim VT_6$ 6 个晶闸管的门极(G)和阴极(K)之间的触发脉冲是否处于正常状态。

3) 控制单元的调试

(1) 移相控制电压 U_{ct} 调节范围的确定。

将 DJK04 模块中的"给定"电压 U_g 接入 DJK02-1 模块中的移相控制电压 U_{ct} 的输入端，"三相全控整流"输出接电阻负载 R，使用示波器观察输出电压 U_d 的波形。当"给定"电压 U_g 由零逐步增大时，输出电压 U_d 将随给定电压的增大而增大；当"给定"电压 U_g 超过某一数值时，输出电压 U_d 接近为输出最高电压值 U_d'。一般可确定"三相全控整流"电路的输出电压允许范围的最大值为 $U_{dmax} = 0.9U_d'$。调节"给定"电压 U_g，使"三相全控整流"的输出电压等于 U_{dmax}，此刻将对应的 U_g' 的电压值记录下来，$U_{ctmax} = U_g'$，即 U_g 的允许调节范围为 $0 \sim U_{ctmax}$。如把输出限幅定为 U_{ctmax}，则"三相全控整流"电路的输出范围就被限定，不会使电路工作在极限值状态，保证了六个晶闸管能够正常工作。记录 U_g' 的数值于表 14.17 中。

表 14.17　数据记录表（一）

U_d'	
$U_{dmax} = 0.9U_d'$	
$U_{ctmax} = U_g'$	

将"给定"电压调到零，再按下"停止"按键，结束上述步骤。

(2) 调节器的调零。

将 DJK04 模块中"调节器 I"的所有输入端口接地，再将 DJK08 模块中的可调电阻 120 kΩ 接到"调节器 I"的"4"号、"5"号端口两端，用外接导线将"5"号、"6"号端口短接，使"调节器 I"成为比例调节器。将万用表调至毫伏挡，用于测量"调节器 I"的"7"号端口的输出参数。调节模块上的调零电位器 R_{P3}，使之输出电压取值尽可能接近于零。

将 DJK04 模块中"调节器 II"的所有输入端口接地，再将 DJK08 模块中的可调电阻 13 kΩ 接到"调节器 II"的"8"号、"9"号端口两端，用外接导线将"9"号、"10"号端口短接，使"调节器 II"成为比例调节器。将万用表调至毫伏挡，用于测量"调节器 II"的"11"号端口。调节模块上的调零电位器 R_{P3}，使之输出电压取值尽可能接近于零。

(3) 调节器正、负限幅值的调整。

把"调节器 I"的"5"号、"6"号端口的短接线移除，将 DJK08 模块中的可调电容 0.47 μF 接入"5"号、"6"号端口两端，使调节器成为比例积分调节器。将"调节器 I"所有输入端的接地线移除，再将 DJK04 模块中的给定输出端接到"调节器 I"的"3"号端口。当调节器输入端施加 +5 V 的正给定电压时，调整负限幅电位器 R_{P2}，使之输出电压取值为 −6 V；当调节器输入端施加 −5 V 的负给定电压时，调整正限幅电位器 R_{P1}，使之输出电压取值尽可能接近于零。

把"调节器Ⅱ"的"9"号、"10"号端口的短接线移除，将 DJK08 模块中的可调电容 0.47 μF 接入"9"号、"10"号端口两端，使调节器成为比例积分调节器。将"调节器Ⅱ"的所有输入端的接地线移除，再将 DJK04 模块中的给定输出端接到"调节器Ⅱ"的"4"号端口。当调节器输入端施加 +5 V 的正给定电压时，调整负限幅电位器 R_{P2}，使之输出电压取值尽可能接近于零；当调节器输入端施加 −5 V 的负给定电压时，调整正限幅电位器 R_{P1}，使"调节器Ⅱ"的输出正限幅为 U_{ctmax}。

(4) 电流反馈系数的整定。

将"给定"电压 U_g 接入 DJK02-1 模块中的移相控制电压 U_{ct} 的输入端，整流桥输出接电阻负载 R(负载电阻取最大值)，并将输出给定取值调到零。

按下"启动"按键，从零开始逐步增大"给定"电压，使输出电压升高。当 U_d = 220 V 时，减小负载的阻值，调节"电流反馈与过流保护"上的电流反馈电位器 R_{P1}，使负载电流 I_d = 1.3 A 时，"2"端 I_f 的电流反馈电压 U_{fi} = 6 V，这时的电流反馈系数 $\beta = U_{fi} / I_d$ = 4.615 V/A。

(5) 转速反馈系数的整定。

将"给定"电压 U_g 接入 DJK02-1 模块中的移相控制电压 U_{ct} 的输入端，"三相全控整流"电路接直流电机负载，L_d 用 DJK02 上的 200 mH 电感，并将输出给定取值调到零。

按下"启动"按键，接通励磁电源，从零开始逐步增大"给定"电压。当直流电机的转速提升到 n = 1500 r/min 时，调节"转速变换"上的转速反馈电位器 R_{P1}，使转速反馈电压 U_{fn} = −6 V，这时的转速反馈系数 $\alpha = U_{fn}/n$ = 0.004 V/(r/min)。

4) 开环外特性的测定

(1) 将 DJK04 模块上的"给定"电压 U_g 接入 DJK02-1 模块中的控制电压 U_{ct} 的输入端，"三相全控整流"电路接电机负载，L_D 用 DJK02 上的 200 mH 电感，直流发电机接电阻负载 R(电阻负载取最大值)，并将输出给定取值调到零。

(2) 按下"启动"按键，先接通励磁电源，然后从零开始逐步增大"给定"电压 U_g，使电机启动后速度逐步上升，转速达到 1200 r/min。

(3) 增大电机的负载，使直流电机电流达到 $I_d = I_{ed}$，然后测出该系统的开环外特性 $n = f(I_d)$，并记录于表 14.18 中。

表 14.18　数据记录表(二)

n / (r/min)								
I_d / A								

将"给定"电压调到零，断开励磁电源，按下"停止"按键，结束本次操作。

5) 系统静态特性的测试

(1) 按图 14.5 接线，使 DJK04 模块的"给定"电压 U_g 输出为正给定，转速反馈电压为负电压，直流发电机接电阻负载 R(负载电阻取最大值)，L_d 用 DJK02 模块上的 200 mH 电感，并将输出给定取值调到零。将"调节器Ⅰ""调节器Ⅱ"都接成比例调节器后，接入实验系统，形成双闭环直流调速系统。按下"启动"按键，接通励磁电源，增加给定取值，观测双闭环系统能否正常运行。确认双闭环系统的接线无误后，将"调节器Ⅰ""调节器Ⅱ"均恢复成比例积分调节器，构成双闭环直流电机调速实验系统。

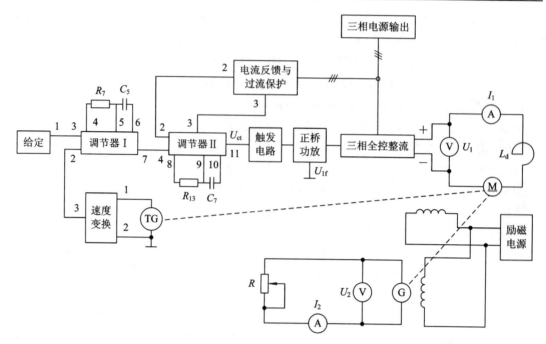

图 14.5　双闭环直流调速系统原理框图

(2) 机械特性 $n = f(I_d)$ 的测定。

① 发电机先接空载，从零开始逐步增加"给定"电压 U_g，使电机的转速接近 $n = 1200$ r/min；然后接入发电机电阻负载 R，逐渐改变负载电阻，直至电流 $I_d = I_{ed}$，即可测出系统静态特性曲线 $n = f(I_d)$，并记录于表 14.19 中。

表 14.19　数 据 记 录 表 (三)

$n /$ (r/min)						
$I_d /$ A						

② 降低 U_g，再测试 $n = 800$ r/min 时的静态特性曲线，并记录于表 14.20 中。

表 14.20　数 据 记 录 表 (四)

$n /$ (r/min)						
$I_d /$ A						

③ 闭环控制系统 $n = f(U_g)$ 的测定。

调节"给定"电压 U_g 及电阻 R，使电机电流 $I_d = I_{ed}$、电机转速 $n = 1200$ r/min，逐渐降低 U_g，记录 U_g 和 n，即可测出闭环控制特性 $n = f(U_g)$，并记录于表 14.21 中。

表 14.21　数 据 记 录 表(五)

$n /$ (r/min)						
$U_g /$ V						

6) 系统动态特性的观察

用慢扫描示波器观察动态波形。在不同的系统参数下（"调节器 I"的增益和积分电容、

"调节器Ⅱ"的增益和积分电容、"转速变换"的滤波电容)，用示波器观察并记录下列动态波形：

(1) 突加给定电压 U_g，电机启动时的电枢电流 I_d ("电流反馈与过流保护"的"2"号端口)波形和转速 n ("转速变换"的"3"号端口)波形。

(2) 突加额定负载($20\%I_{ed} \Rightarrow 100\%I_{ed}$)时电机的电枢电流波形和转速波形。

(3) 突降负载($100\%I_{ed} \Rightarrow 20\%I_{ed}$)时电机的电枢电流波形和转速波形。

8. 实验报告

(1) 根据实验结果，绘制出闭环控制特性曲线 $n = f(U_g)$。

(2) 根据实验结果，绘制出两种转速时的闭环机械特性曲线 $n = f(I_d)$。

(3) 根据实验结果，绘制出系统开环机械特性曲线 $n = f(I_d)$，计算静差率，并与闭环机械特性进行比较。

(4) 分析系统动态波形，讨论系统参数的变化对系统动态性能、静态性能的影响。

参 考 文 献

[1] 王兆安，刘进军. 电力电子技术[M]. 5 版. 北京：机械工业出版社，2015.
[2] 邹甲，赵锋，王聪. 电力电子技术 MATLAB 仿真实践指导及应用[M]. 北京：机械工业出版社，2018.
[3] 郭荣祥，崔桂梅. 电力电子应用技术[M]. 北京：高等教育出版社，2013.
[4] 洪乃刚. 电力电子和电力拖动控制系统的 MATLAB 仿真[M]. 北京：机械工业出版社，2006.
[5] 陈坚. 电力电子学[M]. 北京：高等教育出版社，2002.
[6] 孙冠群. 电机与电力电子技术[M]. 北京：北京大学出版社，2015.
[7] 徐德鸿. 电力电子系统建模及控制[M]. 北京：机械工业出版社，2006.
[8] 林渭勋. 现代电力电子技术[M]. 北京：机械工业出版社，2018.
[9] 赵良炳. 现代电力电子技术基础[M]. 北京：清华大学出版社，1995.
[10] 马晓宇. 电力电子技术[M]. 西安：西安电子科技大学出版社，2016.
[11] 陈媛. 电力电子技术[M]. 武汉：华中科技大学出版社，2016.
[12] 雷慧杰. 电力电子应用技术[M]. 重庆：重庆大学出版社，2015.
[13] 王春，王俊. 电力电子应用技术[M]. 北京：清华大学出版社，2006.
[14] 赵莉华. 电力电子技术[M]. 2 版. 北京：机械工业出版社，2015.
[15] 龚素文，李图平. 电力电子技术[M]. 2 版. 北京：北京理工大学出版社，2014.
[16] 李媛媛. 现代电力电子技术[M]. 北京：清华大学出版社，2014.
[17] 刘建华，冯丽平. 电力电子技术[M]. 上海：上海交通大学出版社，2012.
[18] 卢京潮. 自动控制原理[M]. 2 版. 西安：西北工业大学出版社，2009.
[19] 胡寿松. 自动控制原理简明教程[M]. 2 版. 北京：科学出版社，2008.
[20] 陈伯时. 电力拖动控制系统[M]. 北京：中央广播电视大学出版社，1998.
[21] 罗飞，郗晓田，文小玲，等. 电力拖动与运动控制系统[M]. 2 版. 北京：化学工业出版社，2007.
[22] 刘建昌. 自动控制系统[M]. 2 版. 北京：冶金工业出版社，2001.
[23] 易继锴. 电气传动自动控制原理与设计[M]. 北京：北京工业大学出版社，1997.
[24] 史国生. 交直流调速系统[M]. 北京：化学工业出版社，2002.
[25] 陈霞. 运动控制系统[M]. 北京：中国电力出版社，2016.
[26] 李正熙，杨立永. 交直流调速系统[M]. 北京：电子工业出版社，2013.
[27] 郭艳萍，陈相志. 交直流调速系统[M]. 3 版. 北京：人民邮电出版社，2019.
[28] 陈伯时. 电力拖动自动控制系统[M]. 3 版. 北京：机械工业出版社，2012.